HIGHER MATHEMATICS
REVIEW OUTLINE

高等数学复习纲要

● 吴振奎　主编

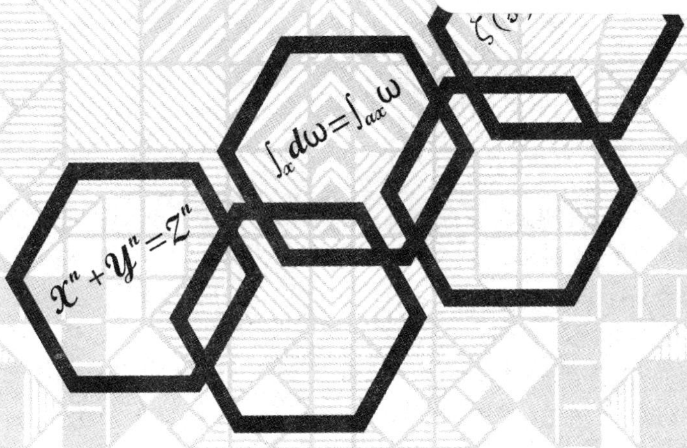

哈爾濱工業大學出版社
HITP HARBIN INSTITUTE OF TECHNOLOGY PRESS

内容简介

本书为在校大学生复习应试及研究生报考提供了一份理清知识脉络的提纲，为复习提供线索，为应试传输信息。本书分为：微积分（高等数学），线性代数，概率论与数理统计三个部分。

本书可作为各类高等院校学生的学习参考书和教师的教学参考书以及科技人员的工作参考书，也可作为各类专业学生的考研复习资料。

图书在版编目(CIP)数据

高等数学复习纲要/吴振奎主编. —哈尔滨：哈尔滨工业大学出版社，2014.6

ISBN 978-7-5603-4743-1

Ⅰ.①高… Ⅱ.①吴… Ⅲ.①高等数学—高等学校—教学参考资料 Ⅳ.①O13

中国版本图书馆 CIP 数据核字(2014)第 102701 号

策划编辑 刘培杰 张永芹
责任编辑 张永芹 王勇钢
封面设计 孙茵艾
出版发行 哈尔滨工业大学出版社
社　　址 哈尔滨市南岗区复华四道街 10 号 邮编 150006
传　　真 0451-86414749
网　　址 http://hitpress.hit.edu.cn
印　　刷 哈尔滨工业大学印刷厂
开　　本 787mm×1092mm 1/16 印张 8.5 字数 258 千字
版　　次 2014 年 6 月第 1 版 2014 年 6 月第 1 次印刷
书　　号 ISBN 978-7-5603-4743-1
定　　价 18.00 元

前言

近年来，随着教育事业的发展，我国研究生的报考和招收人数逐年增多，这无论是对高校在校学生，还是对已经工作的往届大学毕业生和自学者来讲，都提供了继续深造的机会.

“高等数学”是大学理工科和部分文科（如经济、管理等）专业的重要基础课，也是大多数专业研究生入学考试的必考科目. 但其内容较为庞杂，涉及分支也多，且题目灵活性大. 无论在校大学生的复习迎试，还是研究生报考者，他们当然都希望能有一份理清知识脉络的提纲，为复习提供线索，为应试传输信息——至少可在不太长的时间内，能对高等数学内容有所浏览，对其中的方法有所回顾. 本书正是基于这一点而写的.

为帮助读者将各知识点融会贯通，提高综合利用已有知识来分析、解决新问题的能力，本书构建了高等数学的知识网络，以提要方式（主要通过图表）对高等数学的主要内容给以综合简述；对某些重要题型的解题方法作了必要概括；对于常用公式作了统一罗列.

本书不仅对考研学子们会有裨益，对在校大学生们的数学学习，乃至参加各种数学竞赛也会有所帮助，至少可以免去查找公式、翻阅资料之繁. 平时信手翻来，也会对数学的内容和公式加深理解，这对理清知识脉络、学好数学是至关重要的. 书中标有“*”号的内容可能超出数学大纲范围，仅供参考.

本书出版后，欢迎读者提出宝贵意见，以便修正.

吴振奎

2014 年 1 月

解题步骤的一个框图

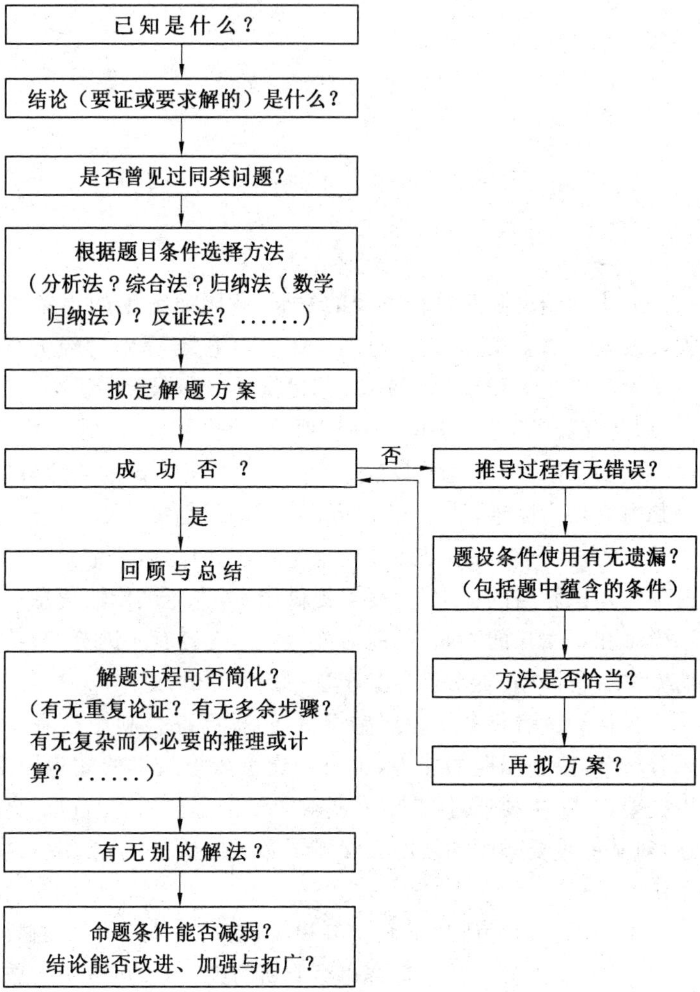
已知是什么？
结论（要证或要求解的）是什么？
是否曾见过同类问题？
根据题目条件选择方法
（分析法？综合法？归纳法（数学归纳法）？反证法？......）
拟定解题方案
成功否？
否
推导过程有无错误？
题设条件使用有无遗漏？（包括题中蕴含的条件）
方法是否恰当？
再拟方案？
是
回顾与总结
解题过程可否简化？
（有无重复论证？有无多余步骤？有无复杂而不必要的推理或计算？......）
有无别的解法？
命题条件能否减弱？
结论能否改进、加强与拓广？

目　录

第 1 章

微积分(高等数学)

一、函数、极限、连续

(一)集合及运算

集合是现代数学中最基本的概念,其观点和方法已渗透到数学的许多分支中去.通常用“具有某种特定性质事物(对象)的全体”去描述集合.集合简称集,通常用大写字母 $A,B,C,\cdots$ 表示.构成集合的事物称为元素,通常用 $a,b,c,\cdots$ 小写字母表示.

若 a 是 A 的元素,称 a 属于 A,记作 $a\in A$;若 a 不是 A 的元素,称 a 不属于 A,记作 $a\notin A$.

又 $A=\{a|a$ 具有 $P\}$ 表示集合 A 由满足条件 P 的元素组成.

不含任何元素的集合叫空集,记作 $\varnothing$.

又若 $x\in A$,必有 $x\in B$,则称 A 是 B 的子集,记 $A\subset B$.

当 $A\subset B$,且 $B\subset A$ 时,称集合 A,B 相等,记 $A=B$.

集合的运算指并、交、差等:

X:$\{x|x\in A$ 或 $x\in B\}$ 称 X 为集合 A,B 的并,记 $A\cup B$;

Y:$\{y|y\in A$ 且 $y\in B\}$ 称 Y 为集合 A,B 的交,记 $A\cap B$;

Z:$\{z|z\in A$ 且 $z\notin B\}$ 称 Z 为集合 A,B 的差,记 $A-B$ 或 $A\backslash B$;

又若 Ω 是全空间,则任一集合 $A\subset\Omega$,称 $\Omega-A$ 为 A 的余集或补集,记作 $\overline{A}$.

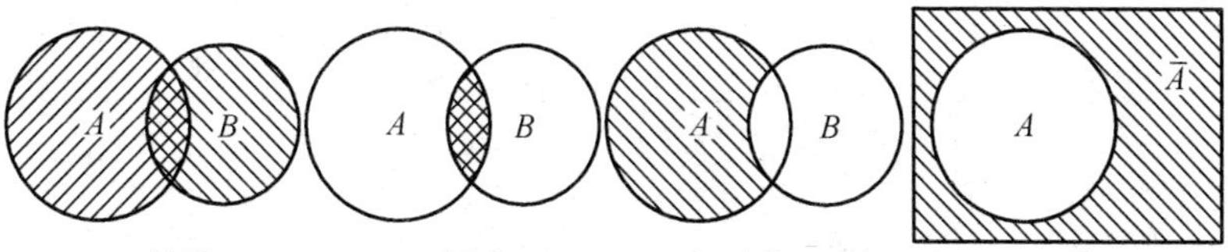

$A\cup B$　　$A\cap B$　　$A-B$　　Ω

(二)函数概念

1. 函数

X,Y 两个集合,若对 X 中每一元素 x,通过法则(映射)f 对应到 Y 中一个元素 y,则称 f 为定义在 X 上的一个函数,记作 $y=f(x)$(x 又称自变量,y 称因变量).

X 称为函数**定义域**.而 $Y=\{y|y=f(x),x\in X\}$ 称为函数的**值域**.变量也称为**元**.随自变量个数不同函数又分一元函数、二元函数……多元函数.

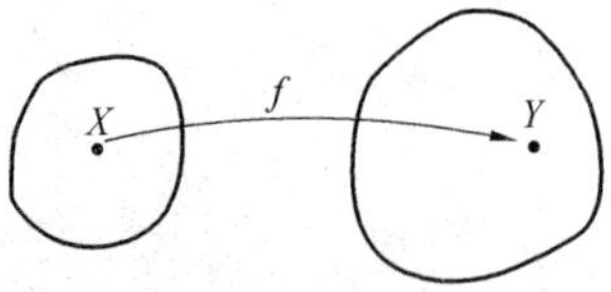

注 这里 X 中的元素 x 可以是 n 维空间中的点，这样一来定义就包括了一元函数、二元函数、多元函数等.

函数按其内容或性质可分为：

- **函数**
  - 按内容
    - 初等函数
      - 代数函数
        - 有理函数
        - 无理函数
      - 超越函数
    - 高等函数
  - 按表达式
    - 显函数（含参数式）
    - 隐函数
  - 按变元个数
    - 一元函数
    - 多元函数
  - 按性质
    - 奇、偶函数
    - 周期函数
    - 齐次函数
    - ……
  - ……

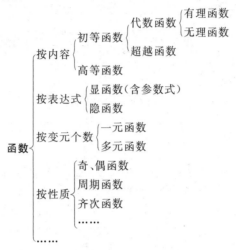

2. 函数的表示法

函数的表示法有解析法（又称公式法，它有显式、隐式、参数式之分）、列表法、图象法等.

3. 函数的几种特性

单、多值性	对定义域 X 中每一个 x，只确定唯一的 y 的函数叫**单值函数**；否则称为**多值函数**
奇偶性	$f(-x)=f(x)$ 称 $f(x)$ 为**偶函数**，$f(-x)=-f(x)$ 称 $f(x)$ 为**奇函数**（对所有 $x\in X$）
单调性	对于 X 内任两点 $x_1<x_2$，若 $f(x_1)<f(x_2)$（$f(x_1)\leqslant f(x_2)$），则称函数 $f(x)$ **单增（不减）**；又若 $f(x_1)>f(x_2)$（$f(x_1)\geqslant f(x_2)$），则称函数 $f(x)$ **单减（不增）**
有界性	若 $\lvert f(x)\rvert\leqslant M$（$M$ 是正的常数）对所有 $x\in X$ 成立，则 $f(x)$ 在 X 上**有界**；否则称**无界**
周期性	若 $f(x+T)=f(x)$，对所有 $x\in X$ 成立，称 $f(x)$ 为**周期函数**. 满足上式的最小正数 T（如果存在）称为该函数的**周期**
齐次性	对多元函数 $f(x_1,x_2,\cdots,x_n)$ 来说，若 $$f(tx_1,tx_2,\cdots,tx_n)=t^k f(x_1,x_2,\cdots,x_n)$$ 称该函数为 k **次齐次函数**

4. 反函数、复合函数

复合函数是由函数 $y=f(u)$，$u=\varphi(x)$ 经过中间变量 u 而组合成的函数 $y=f[\varphi(x)]$.

注意当 $x\in X$（或其一部分），$\varphi(x)$ 的值域包含在 $f(u)$ 的定义域中时，函数才能复合.

	自变量	因变量	定义域	值域	表达式
函数	x	y	X	Y	$y=f(x)$
反函数	y	x	Y（或部分）	X（或部分）	$x=f^{-1}(y)$

注 函数与反函数是相对的，它们的位置可互换.

5. 显函数、隐函数

	定　义	表 示 式
显函数	已解出因变量为自变量的解析表达式所表示的函数	$y=f(x_1,x_2,\cdots,x_n)$
隐函数	未解出因变量,而是用方程表示自变量与因变量间的关系的函数	$F(x_1,x_2,\cdots,x_n,y)=0$

6. 初等函数

基本初等函数是指幂函数、指数函数、对数函数、三角函数、反三角函数等.

初等函数是由基本初等函数经有限次代数运算或函数复合得到的函数.

基本初等函数
- 幂函数 $y=x^{\alpha}$(α 为实数)
- 指数函数 $y=a^{x}$($a>0,a\neq1$)
- 对数函数 $y=\log_a x$ ($a>0,a\neq1$)
- 三角函数 $y=\sin x,\cos x,\cdots$
- 反三角函数 $y=\arcsin x,\arccos x,\cdots$

↓(四则运算)(函数复合)

初等函数

7. 一个重要公式

$$e^{\pm i\theta}=\cos\theta\pm i\sin\theta \quad \text{(Euler 公式)}$$

由此还可推得另一个重要等式

$$e^{i\pi}+1=0$$

(三) 极限的概念

1. 极限

极限分数列的极限和函数的极限,详见下表:

数列的极限	对一个数列$\{x_n\}$,若任给 $\varepsilon>0$,存在自然数 $N=N(\varepsilon)$,使当 $n>N$ 时,不等式$\lvert x_n-A\rvert<\varepsilon$ 恒成立,则称 A 为$\{x_n\}$当 $n\to\infty$时的极限,记为 $$\lim_{n\to\infty}x_n=A \text{ 或 } x_n\to A(\text{当 } n\to\infty \text{时})$$
函数的极限	若任给 $\varepsilon>0$,总存在 $\delta>0$,使当 $0<\lvert x-x_0\rvert<\delta$ 时,不等式$\lvert f(x)-A\rvert<\varepsilon$ 恒成立,则称 A 为 $f(x)$当 $x\to x_0$ 时的极限,记为 $$\lim_{x\to x_0}f(x)=A \text{ 或 } f(x)\to A(\text{当 } x\to x_0 \text{ 时})$$ 当 x 从 x_0 左(右)边趋向于 x_0 时,$f(x)$的极限称为左(右)极限,记为 $$\lim_{x\to x_0-0}f(x)\left(\lim_{x\to x_0+0}f(x)\right)$$

注1　一些常见数列的极限,如:

①$\lim\limits_{n\to\infty}\dfrac{1}{n}=0$;　　②$\lim\limits_{n\to\infty}q^n=0$ ($\lvert q\rvert<1$);

③$\lim\limits_{n\to\infty}\sqrt[n]{a}=1$ ($a>1$);　　④$\lim\limits_{n\to\infty}\sqrt[n]{n}=1$.

注2　这里函数极限定义只给了其中的一种情形,对于其他情形如下表示:

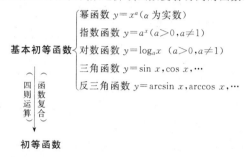

任给	存在	当自变量变化到	恒有关系式成立	结　论	记　号
$\varepsilon>0$	$\delta>0$	$0<\|x-x_0\|<\delta$	$\|f(x)-A\|<\varepsilon$	A 为 $x\to x_0$ 时 $f(x)$ 的极限	$\lim\limits_{x\to x_0} f(x)=A$
	$N>0$	$\|x\|>N$		A 为 $x\to\infty$ 时 $f(x)$ 的极限	$\lim\limits_{x\to\infty} f(x)=A$
		$x>N$		A 为 $x\to+\infty$ 时 $f(x)$ 的极限	$\lim\limits_{x\to+\infty} f(x)=A$
		$x<-N$		A 为 $x\to-\infty$ 时 $f(x)$ 的极限	$\lim\limits_{x\to-\infty} f(x)=A$

注3　若数列$\{x_n\}$看成自变量只取自然数的函数：$x_n=f(n)$，则数列极限可看作一种函数极限. 然而应注意：函数的自变量取连续变化的实值，而数列中 n 只取正整数.

微积分学的发展，是以极限概念为基础的. 极限在高等数学中是一个十分重要的概念.

以极限概念为线索，微积分内容间联系如：

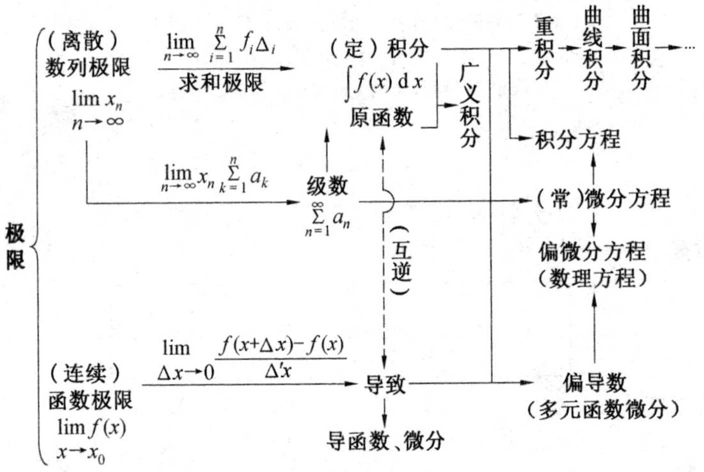

如此看来，极限概念是全部微积分的基础.

2. 极限的运算

若$\lim f(x)=A$，$\lim\varphi(x)=B$，则：

① $\lim[f(x)\pm\varphi(x)]=\lim f(x)\pm\lim\varphi(x)=A\pm B$；

② $\lim cf(x)=c\lim f(x)=cA$；

③ $\lim f(x)\cdot\varphi(x)=\lim f(x)\cdot\lim\varphi(x)=A\cdot B$；

④ $\lim\dfrac{f(x)}{\varphi(x)}=\dfrac{\lim f(x)}{\lim\varphi(x)}=\dfrac{A}{B}\ (B\neq 0)$.

这里lim下未写 x 的趋向，表示 $x\to x_0$，$x\to\infty$，$x\to+\infty$中的一种.

3. 两个重要的极限

$$\lim_{x\to 0}\frac{\sin x}{x}=1 \qquad \lim_{x\to\infty}\left(1+\frac{1}{x}\right)^x=\mathrm{e}$$

4. 无穷大量、无穷小量及其阶

无穷小量	$\lim\alpha(x)=0$	关　系	$\lim\dfrac{1}{\alpha(x)}=\infty$
无穷大量	$\lim g(x)=\infty$		$\lim\dfrac{1}{g(x)}=0$

无穷小量的阶

比值		定义	记号
$\lim\frac{\alpha(x)}{\beta(x)}$	$=0$	$\alpha(x)$是比 $\beta(x)$高阶无穷小	$\alpha(x)=o[\beta(x)]$
	$=A\neq0$	$\alpha(x)$与 $\beta(x)$是同阶无穷小	$\alpha(x)=O[\beta(x)]$①
	$=1$	$\alpha(x)$与 $\beta(x)$是等价无穷小	$\alpha(x)\sim\beta(x)$
$\lim\frac{\alpha(x)}{\beta^k(x)}=A\neq0(k>0)$		$\alpha(x)$是 $\beta(x)$的 k 阶无穷小	$\alpha(x)=O[\beta^k(x)]$

无穷小量的性质：

①有限个无穷小量的代数和仍是无穷小量；

②有限个无穷小量的乘积仍是无穷小量；

③无穷小量与有界量的乘积仍是无穷小量.

注 $\lim\limits_{x\to a}f(x)=A$(有极限)$\Leftrightarrow x\to a$ 时 $f(x)-A$ 是无穷小量.

5. 极限存在的判定

① **柯西(Cauchy)准则** $\lim\limits_{x\to\infty}f(x)$存在$\Leftrightarrow N(\varepsilon)>0$,使任何 $x_1\geqslant N,x_2\geqslant N$ 时,$|f(x_1)-f(x_2)|<\varepsilon$恒成立.

② **单调有界函数有极限** (a,b)内单调有界函数 $f(x)$存在 $\lim\limits_{x\to a+0}f(x)$和 $\lim\limits_{x\to b-0}f(x)$.

③ **压挤或夹逼准则** $\lim g(x)=\lim h(x)=A$,又 $g(x)\leqslant f(x)\leqslant h(x)$,则$\lim f(x)=A$.

④ $\lim\limits_{x\to x_0}f(x)$存在$\Leftrightarrow\lim\limits_{x\to x_0-0}f(x)=\lim\limits_{x\to x_0+0}f(x)$.

6. 极限的常用求法

求极限一般有两类:一类是数(序)列的极限,另一类是函数的极限.它们的求法很多,总的原则是：先化简(通项),再求值.具体地讲,可有：

(1)数(序)列极限的求法

数(序)列极限的求法大抵有下面几种：

①依据数列极限的定义；

②依据数列极限存在的定理、法则；

③依据数列本身的变形；

④利用某些公式；

⑤利用数列的递推关系；

⑥利用数列极限与函数极限存在的关系；

⑦利用定积分运算；

⑧利用级数的敛散条件；

⑨利用 Stolz 定理及相应的结论；

⑩利用中值定理；

⑪利用级数展开.

(2)函数极限的求法

①利用函数极限或其他概念的定义；

②利用函数本身的变形和变换；

③利用两个重要极限；

---

① 更确切地讲,若$\lim\frac{\alpha(x)}{\beta(x)}=A\neq0$,则记 $\alpha(x)=O^*[\beta(x)]$;若$\left|\frac{\alpha(x)}{\beta(x)}\right|\leqslant M\neq0$,则记 $\alpha(x)=O[\beta(x)]$.

④利用洛必达法则；

⑤利用无穷小量代换；

⑥利用中值定理(包括微分中值定理和积分中值定理)；

⑦利用函数的泰勒(Taylor)展开；

⑧利用其他一些定理(夹逼定理、有界变量与无穷小量积的定理等).

数列、函数极限求法步骤框图

方法与例子

方　法	例　子
利用定义 ($\varepsilon-\delta(N)$方法)	若$\{x_n\}$满足$\lim\limits_{n\to\infty}(x_n-x_{n-2})=0$，则$\lim\limits_{n\to\infty}\frac{x_n-x_{n-1}}{n}=0$
利用极限的基本性质和法则	求$\lim\limits_{x\to\infty}\frac{x^4}{a^{\frac{x}{2}}}(a>1)$
连续函数求极限	求$\lim\limits_{x\to 0}\left(\frac{\sin x}{x}\right)^{\frac{1}{x^2}}$
利用两个重要极限 $\lim\limits_{x\to 0}\frac{\sin x}{x}=1$ $\lim\limits_{x\to\infty}\left(1+\frac{1}{x}\right)^x=\mathrm{e}$	求$\lim\limits_{x\to\infty}\left(\cos\frac{\theta}{n}\right)^n$ 求$\lim\limits_{x\to 1}(2-x)^{\tan\frac{\pi x}{2}}$

续表

方　法	例　子
利用适当的函数变换(化去不定型的不定性或变化不定型类型)	求 $\lim\limits_{x\to -1}\dfrac{x^3-4x^2-x+4}{x+1}$ 求 $\lim\limits_{x\to 1}(1-x)\tan\dfrac{\pi}{2}x$(提示:令 $1-x=u$)
洛必达法则	求 $\lim\limits_{x\to 0}\dfrac{\sin x-\tan x}{x-\sin x}$
极限判别准则	设对 $n=1,2,\cdots$ 均有 $0<x_n<1$,且 $x_{n+1}=-x_n^2+2x_n$,则 $\lim\limits_{n\to\infty}x_n=1$
等价无穷小代换	求 $\lim\limits_{x\to 0}\dfrac{\ln(\sin^2x+e^x)-x}{\ln(x^2+e^{2x})-2x}$
用左右极限关系	设 $y=\begin{cases}\dfrac{2^{\frac{1}{x}}-1}{2^{\frac{1}{x}}+1}, & x\neq 0\\ 1, & x=0\end{cases}$,求 $\lim\limits_{x\to 0}y$
用级数敛散性	求证 $\lim\limits_{n\to\infty}\dfrac{2^n}{n!}=0$
适当放缩(利用不等式)	求 $\lim\limits_{x\to 0}x\sqrt[3]{\sin\dfrac{1}{x^2}}$
利用积分	求 $\lim\limits_{n\to 0}\dfrac{1+\sqrt{2}+\sqrt{3}+\cdots+\sqrt{n}}{n\sqrt{n}}$

注　*表中方法的详细使用情况,请读者自行验证.*

(四) 函数的连续性

1. 连续性的概念及连续函数

设函数 $f(x)$ 在 x_0 的某邻域内有定义,且 $\lim\limits_{x\to x_0}f(x)=f(x_0)$,称 $f(x)$ 在点 x_0 **处连续**.

若函数 $f(x)$ 在某区间的每一点都连续,则说函数在该区间上连续,且称 $f(x)$ 为该区间上的**连续函数**.

2. 左、右连续及函数连续条件

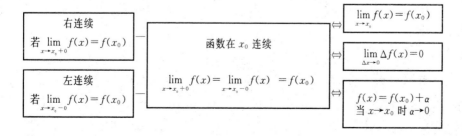

右连续
若 $\lim\limits_{x\to x_0+0}f(x)=f(x_0)$

左连续
若 $\lim\limits_{x\to x_0-0}f(x)=f(x_0)$

函数在 x_0 连续
$\lim\limits_{x\to x_0+0}f(x)=\lim\limits_{x\to x_0-0}f(x)=f(x_0)$

$\Leftrightarrow$ $\lim\limits_{x\to x_0}f(x)=f(x_0)$

$\Leftrightarrow$ $\lim\limits_{\Delta x\to 0}\Delta f(x)=0$

$\Leftrightarrow$ $f(x)=f(x_0)+\alpha$
当 $x\to x_0$ 时 $\alpha\to 0$

3. 函数的间断点

函数的间断点	间断点的分类
① $f(x)$在 x_0 无定义； ② $f(x)$在 x_0 有定义，但 $\lim\limits_{x\to x_0}f(x)$不存在； ③ $f(x)$在 x_0 有定义，$\lim\limits_{x\to x_0}f(x)$存在，但 $\lim\limits_{x\to x_0}f(x)\neq f(x_0)$（可去间断点）； ④ $\lim\limits_{x\to x_0+0}f(x)\neq\lim\limits_{x\to x_0-0}f(x)$	满足③，④的间断点称为**第一类间断点**，其余的间断点称为**第二类间断点**

4. 一致连续

函数 $f(x)$在区间 I 上有定义，若对任给 $\varepsilon>0$，存在 $\delta>0$，使对任意 $x_1,x_2\in I$，当 $|x_1-x_2|<\delta$ 时，总有 $|f(x_1)-f(x_2)|<\varepsilon$ 成立，则称 $f(x)$在 I 上一致连续.

5. 闭区间连续函数的基本性质

最大最小值定理	若 $f(x)$在$[a,b]$上连续，则 $f(x)$在该区间至少取得最大、最小值各一次（它们分别记为 M,m，由此可推出$|f(x)|\leqslant M$（有界性））
介值定理	若 $m\leqslant f(x)\leqslant M$，又 $\mu\in[m,M]$，则$[a,b]$上至少有一点 ξ，使 $f(\xi)=\mu$. 特别地，若 $f(a)f(b)<0$，则有 $\xi\in[a,b]$，使 $f(\xi)=0$
一致连续定理	闭区间上的连续函数，在该区间一致连续

连续函数性质：
- 局部性质　$f(x)$在 x_0 的邻域有 $f(x)>0$（或 $f(x)<0$）（局部保号性）
- 闭区间整体性质
  - 最（大、小）值定理
  - 介值定理
  - 一致连续定理

6. 连续函数的性质

四则运算的连续性	若 $f_1(x)$，$f_2(x)$在某一区间上连续，则 $\alpha f_1(x)\pm\beta f_2(x)$，$f_1(x)\cdot f_2(x)$，$f_1(x)/f_2(x)$ （$f_2(x)\neq0$）也连续（在同一区间），这里 α,β 为常数
复合函数	若 $y=f(z)$ 在 z_0 连续，$z=\varphi(x)$在 x_0 连续，且 $z_0=\varphi(x_0)$，则 $y=f[\varphi(x)]$在 x_0 连续
反 函 数	若 $y=f(x)$在$[a,b]$上单增（减）、连续，则其反函数 $x=f^{-1}(y)$ 在其值域上也单增（减）、连续

7. 初等函数的连续性

① 基本初等函数在其定义城内是连续的；

② 初等函数在其定义域内是连续的.

8. 函数连续性的应用

①求函数极限；

②判定方程的根；

③函数取得介值；

④讨论函数极（最）值.

（五）函数某些特性的讨论

1. 函数的奇偶性

函数的奇偶性对于某些运算（如积分、求和、……）来讲是十分重要的.

判断函数的奇、偶性只需依据定义：

若 $f(-x)=f(x)$,则 $f(x)$称为偶函数;

若 $f(-x)=-f(x)$,则 $f(x)$称为奇函数;

应该强调一点:并非所有函数都有奇偶性.

2. 函数的周期性

对于函数 $f(x)$,若存在非零常数 T 使 $f(x+T)=f(x)$对其定义域内任何 x 均成立,则称 $f(x)$为**周期函数**. T 称为该函数的**周期**.

若 T 是 $f(x)$的一个周期,则 nT(n 是整数)也是 $f(x)$的周期.

常见的周期函数是三角函数.

常数 C 作为自变量 x 的函数时,它是周期函数,且任意不为 0 的实数均为其周期.

连续的周期函数,若它不是常数,则它有最小的正周期.

$\sin x$ 和 $\cos x$ 的最小正周期是 2π;$\tan x$ 和 $\cot x$ 的最小正周期是 π.

二、一元函数微分学

(一) 导数与微分

1. 导数与微分定义

(1)可导与导数

函数 $y=f(x)$在 x_0 的邻域内有定义,并且极限

$$\lim_{\Delta x\to 0}\frac{\Delta y}{\Delta x}=\lim_{\Delta x\to 0}\frac{f(x_0+\Delta x)-f(x_0)}{\Delta x}$$

存在,则称其为 $f(x)$在 x_0 处的导数,记 $f'(x_0)$,又称 $f(x)$在 x_0 可导.

若 $f(x)$在某区间上可导,则称 $f'(x)$为 $f(x)$在该区间上的**导函数**,简称**导数**.

(2) 基本导数表

$(c)'=0$	$(a^x)'=(\ln a)a^x$
$(x^\alpha)'=\alpha x^{\alpha-1}$($\alpha$ 为实数)	$(\arcsin x)'=\dfrac{1}{\sqrt{1-x^2}}$
$(\sin x)'=\cos x$	$(\arccos x)'=\dfrac{-1}{\sqrt{1-x^2}}$
$(\cos x)'=-\sin x$	$(\arctan x)'=\dfrac{1}{1+x^2}$
$(\tan x)'=\sec^2 x$	$(\text{arccot}\ x)'=\dfrac{-1}{1+x^2}$
$(\cot x)'=\csc^2 x$	$[\ln(x+\sqrt{x^2+1})]'=\dfrac{1}{\sqrt{x^2+1}}$
$(\sec x)'=\sec x\tan x$	$[\ln(x+\sqrt{x^2-1})]'=\dfrac{1}{\sqrt{x^2-1}}$ $(x>1)$
$(\csc x)'=-\csc x\cot x$	
$(\ln\|x\|)'=\dfrac{1}{x}$	
$(\log_a x)'=(\ln a)^{-1}x^{-1}$	
$(e^x)'=e^x$	

(3)函数的微分

$dy=f'(x)dx$ 称为 $f(x)$的**微分**.

若函数 $y=f(x)$在 x_0 有微分 dy,则称 $f(x)$在 x_0 **可微**;若 $f(x)$在区间 I 的每一点可微,则称 $f(x)$**在 I 可微**.

(4) 高阶导数

一元函数的高阶导数求法较多、技巧性相对较强，归纳起来大致有以下几种方法：

①根据定义计算；

②根据莱布尼兹(Leibniz)公式；

$$(uv)^{(n)} = \sum_{k=0}^{n} C_n^k u^{(n-k)} v^{(k)}$$

③利用函数本身的变形；

④利用数学归纳法；

⑤利用泰勒展开；

⑥利用递推公式.

此外，还应记住一些常用函数的高阶导数：

$$(x^{\alpha})^{(n)} = \alpha(\alpha-1)\cdots(\alpha-n+1)x^{\alpha-n}$$

$$(\sin x)^{(n)} = \sin\left(x+\frac{n\pi}{2}\right)$$

$$(\cos x)^{(n)} = \cos\left(x+\frac{n\pi}{2}\right)$$

$$(a^x)^{(n)} = a^x \ln^n a\ (a>0) \quad (e^x)^{(n)} = e^x$$

$$(\ln x)^{(n)} = \frac{(-1)^{n-1}(n-1)!}{x^n}$$

$$\left(\frac{1}{a-x}\right)^{(n)} = \frac{n!}{(a-x)^{n+1}} \ (x\neq a)$$

这里 n 为自然数.

2. 一元函数导数计算方法

一元函数求导的基本类型和方法有下面几种：

①根据导数定义；

②根据函数及其运算的性质；

③运用函数变形或变换；

④复合函数求导法；

⑤隐函数求导法；

⑥反函数求导法；

⑦参变量函数求导法；

⑧一元函数的高阶导数求法.

3. 微分法

(1) 基本微分表(略)

(2) 函数四则运算的微分法

$$d(u\pm v) = du \pm dv$$

$$d(uv) = u dv + v du$$

$$d\left(\frac{u}{v}\right) = \frac{v du - u dv}{v^2} \quad (v\neq 0)$$

HIGHER MATHEMATICS
REVIEW OUTLINE

高等数学复习纲要

吴振奎 主编

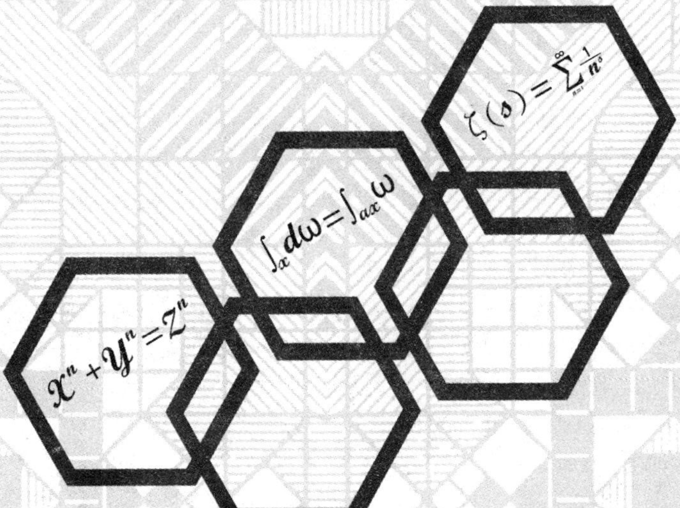

HITP
哈爾濱工業大學出版社
HARBIN INSTITUTE OF TECHNOLOGY PRESS

内容简介

本书为在校大学生复习应试及研究生报考提供了一份理清知识脉络的提纲，为复习提供线索，为应试传输信息。本书分为：微积分（高等数学），线性代数，概率论与数理统计三个部分。

本书可作为各类高等院校学生的学习参考书和教师的教学参考书以及科技人员的工作参考书，也可作为各类专业学生的考研复习资料。

图书在版编目(CIP)数据

高等数学复习纲要/吴振奎主编. —哈尔滨：哈尔滨工业大学出版社，2014.6

ISBN 978－7－5603－4743－1

Ⅰ.①高…　Ⅱ.①吴…　Ⅲ.①高等数学－高等学校－教学参考资料　Ⅳ.①O13

中国版本图书馆 CIP 数据核字(2014)第 102701 号

策划编辑　刘培杰　张永芹
责任编辑　张永芹　王勇钢
封面设计　孙茵艾
出版发行　哈尔滨工业大学出版社
社　　址　哈尔滨市南岗区复华四道街 10 号　邮编 150006
传　　真　0451－86414749
网　　址　http://hitpress.hit.edu.cn
印　　刷　哈尔滨工业大学印刷厂
开　　本　787mm×1092mm　1/16　印张 8.5　字数 258 千字
版　　次　2014 年 6 月第 1 版　2014 年 6 月第 1 次印刷
书　　号　ISBN 978－7－5603－4743－1
定　　价　18.00 元

前　言

近年来，随着教育事业的发展，我国研究生的报考和招收人数逐年增多，这无论是对高校在校学生，还是对已经工作的往届大学毕业生和自学者来讲，都提供了继续深造的机会.

“高等数学”是大学理工科和部分文科（如经济、管理等）专业的重要基础课，也是大多数专业研究生入学考试的必考科目. 但其内容较为庞杂，涉及分支也多，且题目灵活性大. 无论在校大学生的复习迎试，还是研究生报考者，他们当然都希望能有一份理清知识脉络的提纲，为复习提供线索，为应试传输信息——至少可在不太长的时间内，能对高等数学内容有所浏览，对其中的方法有所回顾. 本书正是基于这一点而写的.

为帮助读者将各知识点融会贯通，提高综合利用已有知识来分析、解决新问题的能力，本书构建了高等数学的知识网络，以提要方式（主要通过图表）对高等数学的主要内容给以综合简述；对某些重要题型的解题方法作了必要概括；对于常用公式作了统一罗列.

本书不仅对考研学子们会有裨益，对在校大学生们的数学学习，乃至参加各种数学竞赛也会有所帮助，至少可以免去查找公式、翻阅资料之繁. 平时信手翻来，也会对数学的内容和公式加深理解，这对理清知识脉络、学好数学是至关重要的. 书中标有“*”号的内容可能超出数学大纲范围，仅供参考.

本书出版后，欢迎读者提出宝贵意见，以便修正.

吴振奎

2014 年 1 月

解题步骤的一个框图

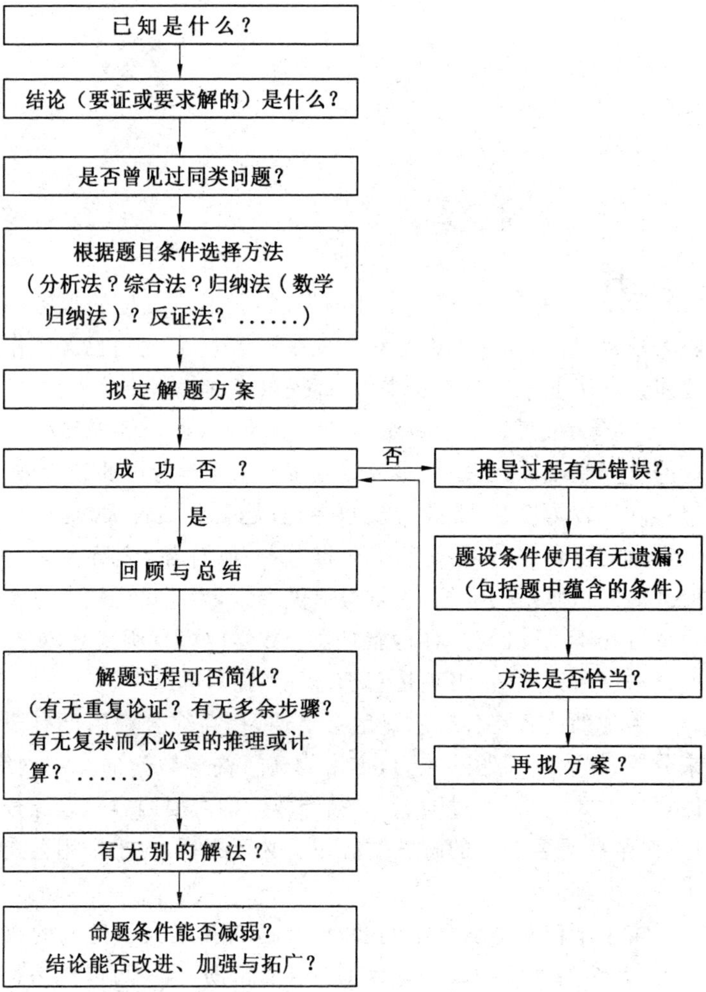
已知是什么？
结论（要证或要求解的）是什么？
是否曾见过同类问题？
根据题目条件选择方法
（分析法？综合法？归纳法（数学归纳法）？反证法？......）
拟定解题方案
成功否？
否
推导过程有无错误？
题设条件使用有无遗漏？（包括题中蕴含的条件）
方法是否恰当？
再拟方案？
是
回顾与总结
解题过程可否简化？
（有无重复论证？有无多余步骤？有无复杂而不必要的推理或计算？......）
有无别的解法？
命题条件能否减弱？
结论能否改进、加强与拓广？

目　　录

第 1 章

微积分(高等数学)

一、函数、极限、连续

(一)集合及运算

集合是现代数学中最基本的概念，其观点和方法已渗透到数学的许多分支中去. 通常用“具有某种特定性质事物(对象)的全体”去描述集合. 集合简称集，通常用大写字母 $A,B,C,\cdots$ 表示. 构成集合的事物称为元素，通常用 $a,b,c,\cdots$ 小写字母表示.

若 a 是 A 的元素，称 a 属于 A，记作 $a\in A$；若 a 不是 A 的元素，称 a 不属于 A，记作 $a\overline{\in}A$.

又 $A=\{a|a$ 具有 $P\}$ 表示集合 A 由满足条件 P 的元素组成.

不含任何元素的集合叫空集，记作 $\varnothing$.

又若 $x\in A$，必有 $x\in B$，则称 A 是 B 的子集，记 $A\subset B$.

当 $A\subset B$，且 $B\subset A$ 时，称集合 A,B 相等，记 $A=B$.

集合的运算指并、交、差等：

$X:\{x|x\in A$ 或 $x\in B\}$ 称 X 为集合 A,B 的并，记 $A\cup B$；

$Y:\{y|y\in A$ 且 $y\in B\}$ 称 Y 为集合 A,B 的交，记 $A\cap B$；

$Z:\{z|z\in A$ 且 $z\overline{\in}B\}$ 称 Z 为集合 A,B 的差，记 $A-B$ 或 $A\backslash B$；

又若 Ω 是全空间，则任一集合 $A\subset\Omega$，称 $\Omega-A$ 为 A 的余集或补集，记作 $\overline{A}$.

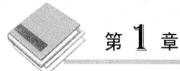

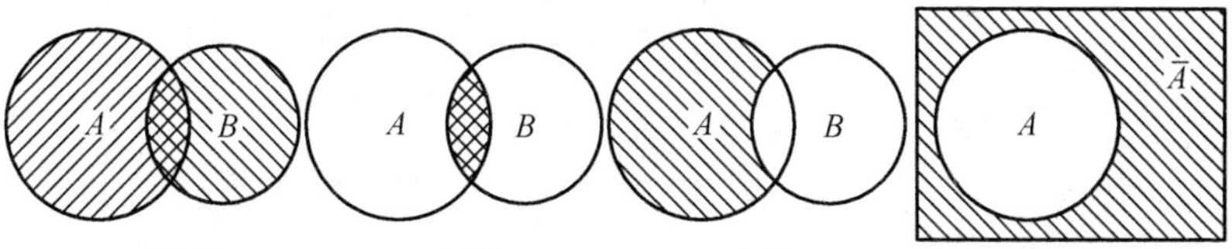

$A\cup B$　　$A\cap B$　　$A-B$　　Ω

(二)函数概念

1. 函数

X,Y 两个集合，若对 X 中每一元素 x，通过法则(映射) f 对应到 Y 中一个元素 y，则称 f 为定义在 X 上的一个函数，记作 $y=f(x)$(x 又称自变量，y 称因变量).

X 称为函数**定义域**. 而 $Y=\{y|y=f(x),x\in X\}$ 称为函数的**值域**. 变量也称为**元**. 随自变量个数不同函数又分一元函数、二元函数……多元函数.

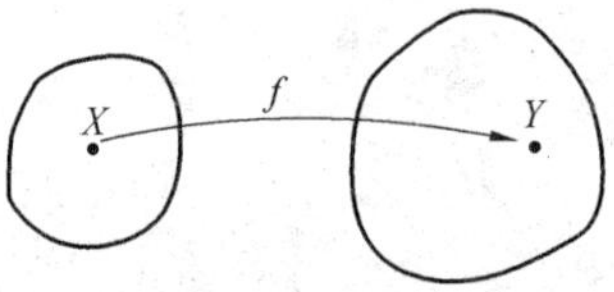

注 这里 X 中的元素 x 可以是 n 维空间中的点，这样一来定义就包括了一元函数、二元函数、多元函数等.

函数按其内容或性质可分为：

- 函数
  - 按内容
    - 初等函数
      - 代数函数
        - 有理函数
        - 无理函数
      - 超越函数
    - 高等函数
  - 按表达式
    - 显函数（含参数式）
    - 隐函数
  - 按变元个数
    - 一元函数
    - 多元函数
  - 按性质
    - 奇、偶函数
    - 周期函数
    - 齐次函数
    - ……
  - ……

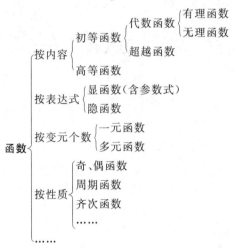

2. 函数的表示法

函数的表示法有解析法（又称公式法，它有显式、隐式、参数式之分）、列表法、图象法等.

3. 函数的几种特性

单、多值性	对定义域 X 中每一个 x，只确定唯一的 y 的函数叫**单值函数**；否则称为**多值函数**
奇偶性	$f(-x)=f(x)$ 称 $f(x)$ 为**偶函数**，$f(-x)=-f(x)$ 称 $f(x)$ 为**奇函数**（对所有 $x\in X$）
单调性	对于 X 内任两点 $x_1<x_2$，若 $f(x_1)<f(x_2)$（$f(x_1)\leqslant f(x_2)$），则称函数 $f(x)$ **单增（不减）**；又若 $f(x_1)>f(x_2)$（$f(x_1)\geqslant f(x_2)$），则称函数 $f(x)$ **单减（不增）**
有界性	若 $\|f(x)\|\leqslant M$（M 是正的常数）对所有 $x\in X$ 成立，则 $f(x)$ 在 X 上**有界**；否则称**无界**
周期性	若 $f(x+T)=f(x)$，对所有 $x\in X$ 成立，称 $f(x)$ 为**周期函数**. 满足上式的最小正数 T（如果存在）称为该函数的**周期**
齐次性	对多元函数 $f(x_1,x_2,\cdots,x_n)$ 来说，若 $f(tx_1,tx_2,\cdots,tx_n)=t^k f(x_1,x_2,\cdots,x_n)$ 称该函数为 k **次齐次函数**

4. 反函数、复合函数

复合函数是由函数 $y=f(u)$，$u=\varphi(x)$ 经过中间变量 u 而组合成的函数 $y=f[\varphi(x)]$.

注意当 $x\in X$（或其一部分），$\varphi(x)$ 的值域包含在 $f(u)$ 的定义域中时，函数才能复合.

	自变量	因变量	定义域	值域	表达式
函数	x	y	X	Y	$y=f(x)$
反函数	y	x	Y（或部分）	X（或部分）	$x=f^{-1}(y)$

注 函数与反函数是相对的，它们的位置可互换.

5. 显函数、隐函数

	定　义	表示式
显函数	已解出因变量为自变量的解析表达式所表示的函数	$y=f(x_1,x_2,\cdots,x_n)$
隐函数	未解出因变量,而是用方程表示自变量与因变量间的关系的函数	$F(x_1,x_2,\cdots,x_n,y)=0$

6. 初等函数

基本初等函数是指幂函数、指数函数、对数函数、三角函数、反三角函数等.

初等函数是由基本初等函数经有限次代数运算或函数复合得到的函数.

基本初等函数
- 幂函数 $y=x^\alpha$(α 为实数)
- 指数函数 $y=a^x(a>0,a\neq1)$
- 对数函数 $y=\log_a x\ (a>0,a\neq1)$
- 三角函数 $y=\sin x,\cos x,\cdots$
- 反三角函数 $y=\arcsin x,\arccos x,\cdots$

↓(四则运算)(函数复合)

初等函数

7. 一个重要公式

$$e^{\pm i\theta}=\cos\theta\pm i\sin\theta\quad\text{(Euler 公式)}$$

由此还可推得另一个重要等式

$$e^{i\pi}+1=0$$

(三) 极限的概念

1. 极限

极限分数列的极限和函数的极限,详见下表:

数列的极限	对一个数列$\{x_n\}$,若任给$\varepsilon>0$,存在自然数$N=N(\varepsilon)$,使当$n>N$时,不等式$\lvert x_n-A\rvert<\varepsilon$恒成立,则称$A$为$\{x_n\}$当$n\to\infty$时的极限,记为 $$\lim_{n\to\infty}x_n=A \text{ 或 } x_n\to A(\text{当 } n\to\infty\text{时})$$
函数的极限	若任给$\varepsilon>0$,总存在$\delta>0$,使当$0<\lvert x-x_0\rvert<\delta$时,不等式$\lvert f(x)-A\rvert<\varepsilon$恒成立,则称$A$为$f(x)$当$x\to x_0$时的极限,记为 $$\lim_{x\to x_0}f(x)=A \text{ 或 } f(x)\to A(\text{当 } x\to x_0\text{ 时})$$ 当x从x_0左(右)边趋向于x_0时,$f(x)$的极限称为左(右)极限,记为 $$\lim_{x\to x_0-0}f(x)\left(\lim_{x\to x_0+0}f(x)\right)$$

注1　一些常见数列的极限,如:

①$\lim\limits_{n\to\infty}\dfrac{1}{n}=0$;　　②$\lim\limits_{n\to\infty}q^n=0\ (\lvert q\rvert<1)$;

③$\lim\limits_{n\to\infty}\sqrt[n]{a}=1\ (a>1)$;　　④$\lim\limits_{n\to\infty}\sqrt[n]{n}=1$.

注2　这里函数极限定义只给了其中的一种情形,对于其他情形如下表示:

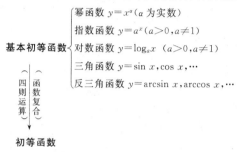

任给	存在	当自变量变化到	恒有关系式成立	结论	记号
$\varepsilon>0$	$\delta>0$	$0<\|x-x_0\|<\delta$	$\|f(x)-A\|<\varepsilon$	A 为 $x\to x_0$ 时 $f(x)$ 的极限	$\lim\limits_{x\to x_0} f(x)=A$
	$N>0$	$\|x\|>N$		A 为 $x\to\infty$ 时 $f(x)$ 的极限	$\lim\limits_{x\to\infty} f(x)=A$
		$x>N$		A 为 $x\to+\infty$ 时 $f(x)$ 的极限	$\lim\limits_{x\to+\infty} f(x)=A$
		$x<-N$		A 为 $x\to-\infty$ 时 $f(x)$ 的极限	$\lim\limits_{x\to-\infty} f(x)=A$

注3 若数列 $\{x_n\}$ 看成自变量只取自然数的函数：$x_n=f(n)$，则数列极限可看作一种函数极限. 然而应注意：函数的自变量取连续变化的实值，而数列中 n 只取正整数.

微积分学的发展，是以极限概念为基础的. 极限在高等数学中是一个十分重要的概念.

以极限概念为线索，微积分内容间联系如：

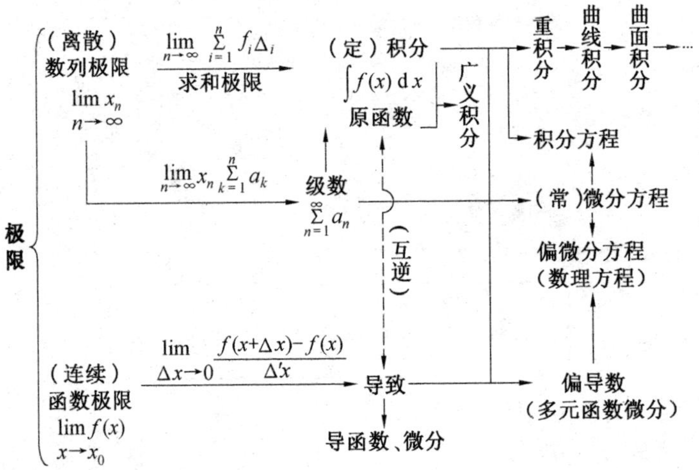

如此看来，极限概念是全部微积分的基础.

2. 极限的运算

若 $\lim f(x)=A$，$\lim\varphi(x)=B$，则：

① $\lim[f(x)\pm\varphi(x)]=\lim f(x)\pm\lim\varphi(x)=A\pm B$；

② $\lim cf(x)=c\lim f(x)=cA$；

③ $\lim f(x)\cdot\varphi(x)=\lim f(x)\cdot\lim\varphi(x)=A\cdot B$；

④ $\lim\dfrac{f(x)}{\varphi(x)}=\dfrac{\lim f(x)}{\lim\varphi(x)}=\dfrac{A}{B}\quad(B\neq 0)$.

这里 lim 下未写 x 的趋向，表示 $x\to x_0$，$x\to\infty$，$x\to+\infty$ 中的一种.

3. 两个重要的极限

$$\lim_{x\to 0}\frac{\sin x}{x}=1 \qquad \lim_{x\to\infty}\left(1+\frac{1}{x}\right)^x=\mathrm{e}$$

4. 无穷大量、无穷小量及其阶

无穷小量	$\lim\alpha(x)=0$	关系	$\lim\dfrac{1}{\alpha(x)}=\infty$
无穷大量	$\lim g(x)=\infty$		$\lim\dfrac{1}{g(x)}=0$

无穷小量的阶

比值		定义	记号
$\lim\frac{\alpha(x)}{\beta(x)}$	$=0$	$\alpha(x)$是比$\beta(x)$高阶无穷小	$\alpha(x)=o[\beta(x)]$
	$=A\neq 0$	$\alpha(x)$与$\beta(x)$是同阶无穷小	$\alpha(x)=O[\beta(x)]$①
	$=1$	$\alpha(x)$与$\beta(x)$是等价无穷小	$\alpha(x)\sim\beta(x)$
$\lim\frac{\alpha(x)}{\beta^k(x)}=A\neq 0(k>0)$		$\alpha(x)$是$\beta(x)$的k阶无穷小	$\alpha(x)=O[\beta^k(x)]$

无穷小量的性质：

①有限个无穷小量的代数和仍是无穷小量；

②有限个无穷小量的乘积仍是无穷小量；

③无穷小量与有界量的乘积仍是无穷小量.

注 $\lim\limits_{x\to a}f(x)=A$(有极限)$\Leftrightarrow x\to a$时$f(x)-A$是无穷小量.

5. 极限存在的判定

① **柯西(Cauchy)准则** $\lim\limits_{x\to\infty}f(x)$存在$\Leftrightarrow N(\varepsilon)>0$,使任何$x_1\geqslant N,x_2\geqslant N$时,$|f(x_1)-f(x_2)|<\varepsilon$恒成立.

② **单调有界函数有极限** (a,b)内单调有界函数$f(x)$存在$\lim\limits_{x\to a+0}f(x)$和$\lim\limits_{x\to b-0}f(x)$.

③ **压挤或夹逼准则** $\lim g(x)=\lim h(x)=A$,又$g(x)\leqslant f(x)\leqslant h(x)$,则$\lim f(x)=A$.

④ $\lim\limits_{x\to x_0}f(x)$存在$\Leftrightarrow\lim\limits_{x\to x_0-0}f(x)=\lim\limits_{x\to x_0+0}f(x)$.

6. 极限的常用求法

求极限一般有两类:一类是数(序)列的极限,另一类是函数的极限.它们的求法很多,总的原则是:先化简(通项),再求值.具体地讲,可有:

(1)数(序)列极限的求法

数(序)列极限的求法大抵有下面几种：

①依据数列极限的定义；

②依据数列极限存在的定理、法则；

③依据数列本身的变形；

④利用某些公式；

⑤利用数列的递推关系；

⑥利用数列极限与函数极限存在的关系；

⑦利用定积分运算；

⑧利用级数的敛散条件；

⑨利用Stolz定理及相应的结论；

⑩利用中值定理；

⑪利用级数展开.

(2)函数极限的求法

①利用函数极限或其他概念的定义；

②利用函数本身的变形和变换；

③利用两个重要极限；

① 更确切地讲,若$\lim\frac{\alpha(x)}{\beta(x)}=A\neq 0$,则记$\alpha(x)=O^*[\beta(x)]$;若$\left|\frac{\alpha(x)}{\beta(x)}\right|\leqslant M\neq 0$,则记$\alpha(x)=O[\beta(x)]$.

④利用洛必达法则；

⑤利用无穷小量代换；

⑥利用中值定理(包括微分中值定理和积分中值定理)；

⑦利用函数的泰勒(Taylor)展开；

⑧利用其他一些定理(夹逼定理、有界变量与无穷小量积的定理等).

数列、函数极限求法步骤框图

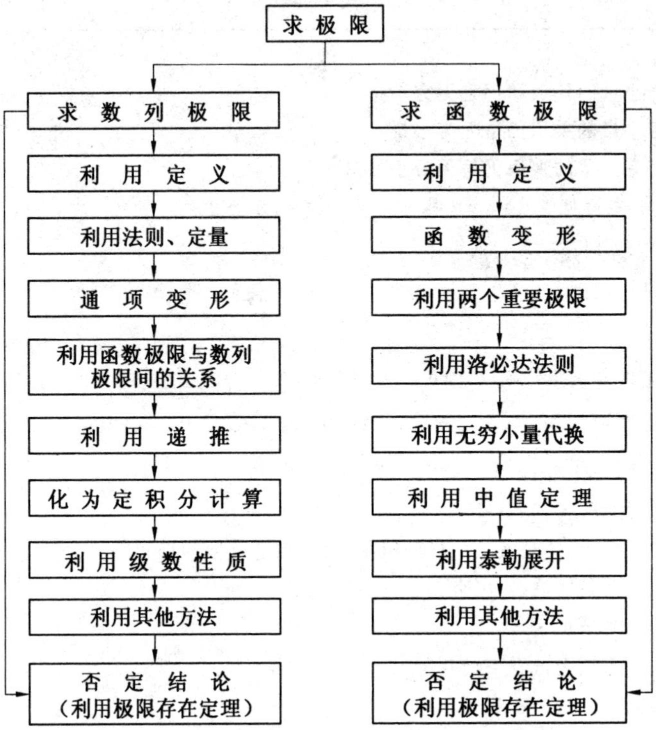

方法与例子

方法	例子
利用定义 ($\varepsilon-\delta(N)$方法)	若$\{x_n\}$满足$\lim\limits_{n\to\infty}(x_n-x_{n-2})=0$，则$\lim\limits_{n\to\infty}\dfrac{x_n-x_{n-1}}{n}=0$
利用极限的基本性质和法则	求$\lim\limits_{x\to\infty}\dfrac{x^4}{a^{\frac{x}{2}}}(a>1)$
连续函数求极限	求$\lim\limits_{x\to0}\left(\dfrac{\sin x}{x}\right)^{\frac{1}{x^2}}$
利用两个重要极限 $\lim\limits_{x\to0}\dfrac{\sin x}{x}=1$ $\lim\limits_{x\to\infty}\left(1+\dfrac{1}{x}\right)^x=\mathrm{e}$	求$\lim\limits_{x\to\infty}\left(\cos\dfrac{\theta}{n}\right)^n$ 求$\lim\limits_{x\to1}(2-x)^{\tan\frac{\pi x}{2}}$

续表

方　法	例　子
利用适当的函数变换(化去不定型的不定性或变化不定型类型)	求 $\lim\limits_{x\to -1}\dfrac{x^3-4x^2-x+4}{x+1}$ 求 $\lim\limits_{x\to 1}(1-x)\tan\dfrac{\pi}{2}x$(提示:令 $1-x=u$)
洛必达法则	求 $\lim\limits_{x\to 0}\dfrac{\sin x-\tan x}{x-\sin x}$
极限判别准则	设对 $n=1,2,\cdots$ 均有 $0<x_n<1$,且 $x_{n+1}=-x_n^2+2x_n$,则 $\lim\limits_{n\to\infty}x_n=1$
等价无穷小代换	求 $\lim\limits_{x\to 0}\dfrac{\ln(\sin^2 x+e^x)-x}{\ln(x^2+e^{2x})-2x}$
用左右极限关系	设 $y=\begin{cases}\dfrac{2^{\frac{1}{x}}-1}{2^{\frac{1}{x}}+1}, & x\neq 0\\ 1, & x=0\end{cases}$,求 $\lim\limits_{x\to 0}y$
用级数敛散性	求证 $\lim\limits_{n\to\infty}\dfrac{2^n}{n!}=0$
适当放缩(利用不等式)	求 $\lim\limits_{x\to 0}x\sqrt[3]{\sin\dfrac{1}{x^2}}$
利用积分	求 $\lim\limits_{n\to 0}\dfrac{1+\sqrt{2}+\sqrt{3}+\cdots+\sqrt{n}}{n\sqrt{n}}$

注　表中方法的详细使用情况,请读者自行验证.

(四) 函数的连续性

1. 连续性的概念及连续函数

设函数 $f(x)$ 在 x_0 的某邻域内有定义,且 $\lim\limits_{x\to x_0}f(x)=f(x_0)$,称 $f(x)$ 在点 x_0 **处连续**.

若函数 $f(x)$ 在某区间的每一点都连续,则说函数在该区间上连续,且称 $f(x)$ 为该区间上的**连续函数**.

2. 左、右连续及函数连续条件

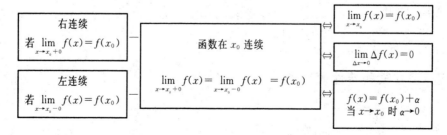

右连续：若 $\lim\limits_{x\to x_0+0}f(x)=f(x_0)$

左连续：若 $\lim\limits_{x\to x_0-0}f(x)=f(x_0)$

函数在 x_0 连续：$\lim\limits_{x\to x_0+0}f(x)=\lim\limits_{x\to x_0-0}f(x)=f(x_0)$

$\Leftrightarrow$ $\lim\limits_{x\to x_0}f(x)=f(x_0)$

$\Leftrightarrow$ $\lim\limits_{\Delta x\to 0}\Delta f(x)=0$

$\Leftrightarrow$ $f(x)=f(x_0)+\alpha$,当 $x\to x_0$ 时 $\alpha\to 0$

3. 函数的间断点

函数的间断点	间断点的分类
① $f(x)$在 x_0 无定义； ② $f(x)$在 x_0 有定义，但 $\lim\limits_{x\to x_0}f(x)$不存在； ③ $f(x)$在 x_0 有定义，$\lim\limits_{x\to x_0}f(x)$存在，但 $\lim\limits_{x\to x_0}f(x)\neq f(x_0)$（可去间断点）； ④ $\lim\limits_{x\to x_0+0}f(x)\neq\lim\limits_{x\to x_0-0}f(x)$	满足③，④的间断点称为**第一类间断点**，其余的间断点称为**第二类间断点**

4. 一致连续

函数 $f(x)$在区间 I 上有定义，若对任给 $\varepsilon>0$，存在 $\delta>0$，使对任意 $x_1,x_2\in I$，当$|x_1-x_2|<\delta$ 时，总有$|f(x_1)-f(x_2)|<\varepsilon$ 成立，则称 $f(x)$在 I 上一致连续.

5. 闭区间连续函数的基本性质

最大最小值定理	若 $f(x)$在$[a,b]$上连续，则 $f(x)$在该区间至少取得最大、最小值各一次（它们分别记为 M,m，由此可推出$|f(x)|\leqslant M$（有界性））
介值定理	若 $m\leqslant f(x)\leqslant M$，又 $\mu\in[m,M]$，则$[a,b]$上至少有一点 ξ，使 $f(\xi)=\mu$. 特别地，若 $f(a)f(b)<0$，则有 $\xi\in[a,b]$，使 $f(\xi)=0$
一致连续定理	闭区间上的连续函数，在该区间一致连续

连续函数性质：
- 局部性质　$f(x)$在 x_0 的邻域有 $f(x)>0$（或 $f(x)<0$）（局部保号性）
- 闭区间整体性质
  - 最（大、小）值定理
  - 介值定理
  - 一致连续定理

6. 连续函数的性质

四则运算的连续性	若 $f_1(x)$，$f_2(x)$在某一区间上连续，则 $\alpha f_1(x)\pm\beta f_2(x)$，$f_1(x)\cdot f_2(x)$，$f_1(x)/f_2(x)$ $(f_2(x)\neq0)$也连续（在同一区间），这里 α,β 为常数
复合函数	若 $y=f(z)$ 在 z_0 连续，$z=\varphi(x)$在 x_0 连续，且 $z_0=\varphi(x_0)$，则 $y=f[\varphi(x)]$在 x_0 连续
反函数	若 $y=f(x)$在$[a,b]$上单增（减）、连续，则其反函数 $x=f^{-1}(y)$ 在其值域上也单增（减）、连续

7. 初等函数的连续性

① 基本初等函数在其定义域内是连续的；

② 初等函数在其定义域内是连续的.

8. 函数连续性的应用

①求函数极限；

②判定方程的根；

③函数取得介值；

④讨论函数极（最）值.

（五）函数某些特性的讨论

1. 函数的奇偶性

函数的奇偶性对于某些运算（如积分、求和、……）来讲是十分重要的.

判断函数的奇、偶性只需依据定义：

若 $f(-x)=f(x)$，则 $f(x)$ 称为偶函数；

若 $f(-x)=-f(x)$，则 $f(x)$ 称为奇函数；

应该强调一点：并非所有函数都有奇偶性.

2. 函数的周期性

对于函数 $f(x)$，若存在非零常数 T 使 $f(x+T)=f(x)$ 对其定义域内任何 x 均成立，则称 $f(x)$ 为**周期函数**. T 称为该函数的**周期**.

若 T 是 $f(x)$ 的一个周期，则 nT(n 是整数)也是 $f(x)$ 的周期.

常见的周期函数是三角函数.

常数 C 作为自变量 x 的函数时，它是周期函数，且任意不为 0 的实数均为其周期.

连续的周期函数，若它不是常数，则它有最小的正周期.

$\sin x$ 和 $\cos x$ 的最小正周期是 2π；$\tan x$ 和 $\cot x$ 的最小正周期是 π.

二、一元函数微分学

(一) 导数与微分

1. 导数与微分定义

(1) 可导与导数

函数 $y=f(x)$ 在 x_0 的邻域内有定义，并且极限

$$\lim_{\Delta x\to 0}\frac{\Delta y}{\Delta x}=\lim_{\Delta x\to 0}\frac{f(x_0+\Delta x)-f(x_0)}{\Delta x}$$

存在，则称其为 $f(x)$ 在 x_0 处的导数，记 $f'(x_0)$，又称 $f(x)$ 在 x_0 可导.

若 $f(x)$ 在某区间上可导，则称 $f'(x)$ 为 $f(x)$ 在该区间上的**导函数**，简称**导数**.

(2) 基本导数表

$(c)'=0$	$(a^x)'=(\ln a)a^x$
$(x^\alpha)'=\alpha x^{\alpha-1}$($\alpha$ 为实数)	$(\arcsin x)'=\dfrac{1}{\sqrt{1-x^2}}$
$(\sin x)'=\cos x$	$(\arccos x)'=\dfrac{-1}{\sqrt{1-x^2}}$
$(\cos x)'=-\sin x$	$(\arctan x)'=\dfrac{1}{1+x^2}$
$(\tan x)'=\sec^2 x$	$(\text{arccot}\, x)'=\dfrac{-1}{1+x^2}$
$(\cot x)'=\csc^2 x$	$[\ln(x+\sqrt{x^2+1})]'=\dfrac{1}{\sqrt{x^2+1}}$
$(\sec x)'=\sec x\tan x$	$[\ln(x+\sqrt{x^2-1})]'=\dfrac{1}{\sqrt{x^2-1}}$ $(x>1)$
$(\csc x)'=-\csc x\cot x$	
$(\ln\lvert x\rvert)'=\dfrac{1}{x}$	
$(\log_a x)'=(\ln a)^{-1}x^{-1}$	
$(e^x)'=e^x$	

(3) 函数的微分

$dy=f'(x)dx$ 称为 $f(x)$ 的**微分**.

若函数 $y=f(x)$ 在 x_0 有微分 dy，则称 $f(x)$ 在 x_0 **可微**；若 $f(x)$ 在区间 I 的每一点可微，则称 $f(x)$ **在 I 可微**.

(4) 高阶导数

一元函数的高阶导数求法较多、技巧性相对较强，归纳起来大致有以下几种方法：

①根据定义计算；

②根据莱布尼兹(Leibniz)公式；

$$(uv)^{(n)}=\sum_{k=0}^{n}C_n^k u^{(n-k)}v^{(k)}$$

③利用函数本身的变形；

④利用数学归纳法；

⑤利用泰勒展开；

⑥利用递推公式.

此外，还应记住一些常用函数的高阶导数：

$$(x^{\alpha})^{(n)}=\alpha(\alpha-1)\cdots(\alpha-n+1)x^{\alpha-n}$$

$$(\sin x)^{(n)}=\sin\left(x+\frac{n\pi}{2}\right)$$

$$(\cos x)^{(n)}=\cos\left(x+\frac{n\pi}{2}\right)$$

$$(a^x)^{(n)}=a^x\ln^n a\ (a>0)\quad (e^x)^{(n)}=e^x$$

$$(\ln x)^{(n)}=\frac{(-1)^{n-1}(n-1)!}{x^n}$$

$$\left(\frac{1}{a-x}\right)^{(n)}=\frac{n!}{(a-x)^{n+1}}\ (x\neq a)$$

这里 n 为自然数.

2. 一元函数导数计算方法

一元函数求导的基本类型和方法有下面几种：

①根据导数定义；

②根据函数及其运算的性质；

③运用函数变形或变换；

④复合函数求导法；

⑤隐函数求导法；

⑥反函数求导法；

⑦参变量函数求导法；

⑧一元函数的高阶导数求法.

3. 微分法

(1) 基本微分表(略)

(2) 函数四则运算的微分法

$$d(u\pm v)=du\pm dv$$

$$d(uv)=udv+vdu$$

$$d\left(\frac{u}{v}\right)=\frac{vdu-udv}{v^2}\quad (v\neq 0)$$

反常积分敛散性比较判别法表

		$\int_a^{+\infty} f(x)\mathrm{d}x$	$\int_a^{b} f(x)\mathrm{d}x$ (b 是瑕点)
比较判别法	一般形式	$f(x)\geqslant 0(x\geqslant a$ 时),且 $f(x)\leqslant \varphi(x)$: 当$\int_a^{+\infty}\varphi(x)\mathrm{d}x$ 收敛 $\Rightarrow \int_a^{+\infty} f(x)\mathrm{d}x$ 收敛; 当$\int_a^{+\infty} f(x)\mathrm{d}x$ 发散 $\Rightarrow \int_a^{+\infty}\varphi(x)\mathrm{d}x$ 发散	$0\leqslant f(x)\leqslant \varphi(x), x\in[a,b]$: 若$\int_a^{b}\varphi(x)\mathrm{d}x$ 收敛 $\Rightarrow \int_a^{b} f(x)\mathrm{d}x$ 收敛; 若$\int_a^{b} f(x)\mathrm{d}x$ 发散 $\Rightarrow \int_a^{b}\varphi(x)\mathrm{d}x$ 发散
比较判别法	极限形式	设 $\varphi(x)\geqslant 0$,且 $\lim\limits_{x\to\infty}\dfrac{\mid f(x)\mid}{\varphi(x)}=l$: $0\leqslant l<+\infty$ 时,若$\int_a^{+\infty}\varphi(x)\mathrm{d}x$ 收敛 $\Rightarrow \int_a^{+\infty}\mid f(x)\mid \mathrm{d}x$ 收敛; $0<l\leqslant+\infty$ 时,若$\int_a^{+\infty}\mid f(x)\mid \mathrm{d}x$ 发散 $\Rightarrow \int_a^{+\infty}\varphi(x)\mathrm{d}x$ 发散	设 $\varphi(x)\geqslant 0$, $\lim\limits_{x\to b^-}\dfrac{\mid f(x)\mid}{\varphi(x)}=l$: $0\leqslant l<+\infty$ 时,若$\int_a^{b}\varphi(x)\mathrm{d}x$ 收敛 $\Rightarrow \int_a^{b}\mid f(x)\mid \mathrm{d}x$ 收敛; $0<l\leqslant+\infty$ 时,若$\int_a^{b}\mid f(x)\mid \mathrm{d}x$ 发散 $\Rightarrow \int_a^{b}\varphi(x)\mathrm{d}x$ 发散; $0<l<+\infty$ 时,两积分同敛散
柯西判别法	一般形式	当 $\mid f(x)\mid\leqslant\dfrac{c}{x^p}, p>1$ 时,积分 $\int_a^{+\infty}\mid f(x)\mid \mathrm{d}x$ 收敛; 当 $f(x)>A\geqslant a$ 时定号,且 $\mid f(x)\mid\geqslant\dfrac{c}{x^p}, p\leqslant 1$,则积分$\int_a^{+\infty} f(x)\mathrm{d}x$ 发散 (其中 $c>0$)	当 $\mid f(x)\mid\leqslant\dfrac{c}{(b-x)^p}, p<1$ 时,积分 $\int_a^{b}\mid f(x)\mid \mathrm{d}x$ 收敛; 当 $\mid f(x)\mid>\dfrac{c}{(b-x)^p}, p\geqslant 1$ 时,积分 $\int_a^{b}\mid f(x)\mid \mathrm{d}x$ 发散(其中 $c>0$)
柯西判别法	极限形式	设 $\lim\limits_{x\to+\infty} x^p\mid f(x)\mid=l$. 当 $0\leqslant l<+\infty, p>1$ 时,积分 $\int_a^{+\infty}\mid f(x)\mid \mathrm{d}x$ 收敛; 当 $0<l\leqslant+\infty, p\leqslant 1$ 时,积分 $\int_a^{+\infty}\mid f(x)\mid \mathrm{d}x$ 发散	设 $\lim\limits_{x\to b^-}(b-x)^p\mid f(x)\mid=l$. 若 $0\leqslant l<+\infty, p<1$ 时,积分$\int_a^{+\infty}\mid f(x)\mid \mathrm{d}x$ 收敛; 若 $0<l\leqslant+\infty, p\geqslant 1$ 时,积分$\int_a^{+\infty}\mid f(x)\mid \mathrm{d}x$ 发散

Gamma 函数和 Beta 函数,是两个重要的特殊函数,利用它们也可计算一些广义积分(因为该函数本身就是利用广义积分定义的),在概率论中也有应用.它们的定义及性质可见下表:

Γ－函数、B－函数定义、性质及关系表

名称	Gamma 函数	Beta 函数
定义	$\Gamma(s)=\int_0^{+\infty} x^{s-1}\mathrm{e}^{-x}\mathrm{d}x\,(s>0)$	$\mathrm{B}(p,q)=\int_0^1 x^{p-1}(1-x)^{q-1}\mathrm{d}x$ $(p>0,q>0)$
主要性质	$\Gamma(s+1)=s\Gamma(s)$ s 取正整数 n 时,$\Gamma(n)=(n-1)!$	$\mathrm{B}(p,q)=\dfrac{q-1}{p+q-1}\mathrm{B}(p,q-1)$ $=\dfrac{p-1}{p+q-1}\mathrm{B}(p-1,q)$
关系	$\mathrm{B}(p+q)=\dfrac{\Gamma(p)\Gamma(q)}{\Gamma(p+q)}\,(p>0,q>0)$	

两个重要反常积分值

$$\int_0^{+\infty} e^{-x^2} dx = \frac{\sqrt{\pi}}{2} \qquad \int_0^{+\infty} \frac{\sin x}{x} dx = \frac{\pi}{2}$$

四、矢量代数及空间解析几何

(一) 基本问题

1. 空间直角坐标系(笛卡儿坐标系)

由过空间一点 O 的互相垂直的 3 条数轴组成的坐标系,记$\{O;X,Y,Z\}$ 或$\{O;x,y,z\}$ 或 $O-XYZ$ 或 $O-xyz$.

3 坐标轴分别称为 OX,OY,OZ 或 Ox,Oy,Oz 轴(又称横轴、纵轴、立或竖轴).

2. 两点距离公式

空间两点 $M_1(x_1,y_1,z_1)$,$M_2(x_2,y_2,z_2)$ 的距离公式为

$$|M_1M_2| = \sqrt{(x_1-x_2)^2+(y_1-y_2)^2+(z_1-z_2)^2}$$

3. 定比分点公式,坐标变换

若 $M(x,y,z)$ 是 M_1M_2 的分点,且 $M_1M : MM_2 = \lambda$,则 $\lambda>0$ 时为内分,$\lambda<0\ (\lambda\neq 1)$ 时为外分,且

$$x=\frac{x_1+\lambda x_2}{1+\lambda},\ y=\frac{y_1+\lambda y_2}{1+\lambda},\ z=\frac{z_1+\lambda z_2}{1+\lambda}$$

(二) 矢(向)量代数

矢量(自由矢量)　既有大小又有方向的量称为矢量.其坐标表示记为

$$\boldsymbol{a}=a_1\boldsymbol{i}+a_2\boldsymbol{j}+a_3\boldsymbol{k}=\{a_1,a_2,a_3\} \text{ 或} (a_1,a_2,a_3)$$

矢量的模　若 $\boldsymbol{a}=\{a_1,a_2,a_3\}$,则矢量的模

$$|\boldsymbol{a}|=\sqrt{a_1^2+a_2^2+a_3^2}$$

单位矢量　方向与 $\boldsymbol{a}$ 相同,模为 1 的矢量.

基本单位矢量　$\boldsymbol{i}=\{1,0,0\}$, $\boldsymbol{j}=\{0,1,0\}$, $\boldsymbol{k}=\{0,0,1\}$.

矢量的方向余弦　$\cos\alpha=\frac{a_1}{|\boldsymbol{a}|}$,$\cos\beta=\frac{a_2}{|\boldsymbol{a}|}$,$\cos\gamma=\frac{a_3}{|\boldsymbol{a}|}$,其中 α,β,γ 为矢量与三坐标轴夹角,且

$$\cos^2\alpha+\cos^2\beta+\cos^2\gamma=1$$

两矢量的夹角　设 $\boldsymbol{a}=\{a_1,a_2,a_3\}$,$\boldsymbol{b}=\{b_1,b_2,b_3\}$,则 $\boldsymbol{a}$ 与 $\boldsymbol{b}$ 夹角 φ 满足

$$\cos\varphi=\frac{a_1b_1+a_2b_2+a_3b_3}{|\boldsymbol{a}||\boldsymbol{b}|} \quad (\text{其中 } 0\leqslant\varphi\leqslant\pi)$$

矢量的运算

矢量的各种运算法则及运算律如下表示:

运　算	法　则	运算律(性质)
加法	两矢量相加:依照平行四边形法则(三角形法则); 多个矢量相加:依照多边形法则	交换律　$\boldsymbol{a}+\boldsymbol{b}=\boldsymbol{b}+\boldsymbol{a}$; 结合律　$\boldsymbol{a}+(\boldsymbol{b}+\boldsymbol{c})=(\boldsymbol{a}+\boldsymbol{b})+\boldsymbol{c}$
数乘	$\lambda\boldsymbol{a}$ 与 $\boldsymbol{a}$ 共线(当 $\lambda>0$ 时同向;$\lambda<0$ 时异向), $\lvert\lambda\boldsymbol{a}\rvert=\lvert\lambda\rvert\lvert\boldsymbol{a}\rvert$,$0\cdot\boldsymbol{a}=\boldsymbol{0}$,$-1\cdot\boldsymbol{a}=-\boldsymbol{a}$	数乘的结合律　$\lambda(\mu\boldsymbol{a})=(\lambda\mu)\boldsymbol{a}=\mu(\lambda\boldsymbol{a})$; 向量按数乘因子的分配律　$(\lambda+\mu)\boldsymbol{a}=\lambda\boldsymbol{a}+\mu\boldsymbol{a}$; 数按向量因子的分配律　$\lambda(\boldsymbol{a}+\boldsymbol{b})=\lambda\boldsymbol{a}+\lambda\boldsymbol{b}$
数积	若 $\boldsymbol{a}=\{a_1,a_2,a_3\}$,$\boldsymbol{b}=\{b_1,b_2,b_3\}$,则 $\boldsymbol{a}\cdot\boldsymbol{b}=\lvert\boldsymbol{a}\rvert\lvert\boldsymbol{b}\rvert\cos(\widehat{\boldsymbol{a},\boldsymbol{b}})$ $=a_1b_1+a_2b_2+a_3b_3$ $\boldsymbol{a}\cdot\boldsymbol{b}$ 又记$(\boldsymbol{a},\boldsymbol{b})$	交换律　$\boldsymbol{a}\cdot\boldsymbol{b}=\boldsymbol{b}\cdot\boldsymbol{a}$; 结合律　$\lambda\boldsymbol{a}\cdot\boldsymbol{b}=(\lambda\boldsymbol{a})\cdot\boldsymbol{b}$; 分配律　$\boldsymbol{a}\cdot(\boldsymbol{b}+\boldsymbol{c})=\boldsymbol{a}\cdot\boldsymbol{b}+\boldsymbol{a}\cdot\boldsymbol{c}$ $(\boldsymbol{a}\perp\boldsymbol{b}\Longleftrightarrow\boldsymbol{a}\cdot\boldsymbol{b}=0)$
矢积	$\boldsymbol{a}\times\boldsymbol{b}=\begin{vmatrix}\boldsymbol{i}&\boldsymbol{j}&\boldsymbol{k}\\a_1&a_2&a_3\\b_1&b_2&b_3\end{vmatrix}$ $\lvert\boldsymbol{a}\times\boldsymbol{b}\rvert=\lvert\boldsymbol{a}\rvert\lvert\boldsymbol{b}\rvert\sin(\widehat{\boldsymbol{a},\boldsymbol{b}})$、方向由右手法则确定	$\boldsymbol{a}\times\boldsymbol{b}=-\boldsymbol{b}\times\boldsymbol{a}$ 结合律　$\lambda(\boldsymbol{a}\times\boldsymbol{b})=(\lambda\boldsymbol{a})\times\boldsymbol{b}=\boldsymbol{a}\times(\lambda\boldsymbol{b})$; 分配律　$(\boldsymbol{a}+\boldsymbol{b})\times\boldsymbol{c}=\boldsymbol{a}\times\boldsymbol{c}+\boldsymbol{b}\times\boldsymbol{c}$ $(\boldsymbol{a}\parallel\boldsymbol{b}\Longleftrightarrow\boldsymbol{a}\times\boldsymbol{b}=\boldsymbol{0})$
混积	若 $\boldsymbol{a}=\{a_1,a_2,a_3\}$,$\boldsymbol{b}=\{b_1,b_2,b_3\}$,$\boldsymbol{c}=\{c_1,c_2,c_3\}$,则 $\boldsymbol{a}\cdot(\boldsymbol{b}\times\boldsymbol{c})=\begin{vmatrix}a_1&a_2&a_3\\b_1&b_2&b_3\\c_1&c_2&c_3\end{vmatrix}$ $\boldsymbol{a}\cdot(\boldsymbol{b}\times\boldsymbol{c})$ 是以 $\boldsymbol{a},\boldsymbol{b},\boldsymbol{c}$ 为棱的平行六面体体积,混积 $\boldsymbol{a}\cdot(\boldsymbol{b}\times\boldsymbol{c})$ 常记为$[\boldsymbol{abc}]$或$(\boldsymbol{abc})$	轮换性　$\boldsymbol{a}\cdot(\boldsymbol{b}\times\boldsymbol{c})=\boldsymbol{b}\cdot(\boldsymbol{c}\times\boldsymbol{a})=\boldsymbol{c}\cdot(\boldsymbol{a}\times\boldsymbol{b})$ $(\boldsymbol{a},\boldsymbol{b},\boldsymbol{c}$ 共面 $\Longleftrightarrow\begin{vmatrix}a_1&a_2&a_3\\b_1&b_2&b_3\\c_1&c_2&c_3\end{vmatrix}=0)$

(三) 空间平面与直线

1. 空间平面方程

种　类	方 程 式
矢量式	$(\boldsymbol{r}-\boldsymbol{r}_0)\cdot\boldsymbol{n}=0$,$\boldsymbol{n}$ 为平面法矢,$\boldsymbol{r}_0$ 为已知点矢量
点法式	$A(x-x_0)+B(y-y_0)+C(z-z_0)=0$ 其中$\{A,B,C\}$为平面法矢 $\boldsymbol{n}$,(x_0,y_0,z_0)为平面一点
一般式	$Ax+By+Cz+D=0$
截距式	$\dfrac{x}{a}+\dfrac{y}{b}+\dfrac{z}{c}=1$,$a,b,c$ 为平面在三坐标轴上的截距
三点式	若 $M_i(x_i,y_i,z_i)$ $(i=1,2,3)$ 为平面上三点,则 $\begin{vmatrix}x-x_1&y-y_1&z-z_1\\x_2-x_1&y_2-y_1&z_2-z_1\\x_3-x_1&y_3-y_1&z_3-z_1\end{vmatrix}=0$

2. 空间直线方程

空间直线方程的种类和方程表达式如下表示：

种　类	方 程 式
矢量式	$\boldsymbol{r}=\boldsymbol{r}_0+s t$，其中 $\boldsymbol{r}_0$ 为直线上已知点矢，$\boldsymbol{s}$ 为直线方向
标准式	$\dfrac{x-x_0}{m}=\dfrac{y-y_0}{n}=\dfrac{z-z_0}{p}$ 其中(x_0,y_0,z_0)为已知点，$\{m,n,p\}$为直线方向矢量的一组方向数
交面式(一般式)	$\begin{cases}A_1x+B_1y+C_1z+D_1=0\\A_2x+B_2y+C_2z+D_2=0\end{cases}$
射影式	$\begin{cases}x=az+p\\y=bz+q\end{cases}$ 两方程分别为直线在两坐标平面 xOz 和 yOz 上的投影
两点式	$\dfrac{x-x_1}{x_2-x_1}=\dfrac{y-y_1}{y_2-y_1}=\dfrac{z-z_1}{z_2-z_1}$ 这里(x_i,y_i,z_i)，$i=1,2$ 为已知点
参数式	$x=x_0+mt,\ y=y_0+nt,\ z=z_0+pt$ 这里 t 是参数，(x_0,y_0,z_0)为已知点，$\{m,n,p\}$为直线方向矢量的一组方向数

3. 点到平面距离

平面 $Ax+By+Cz+D=0$ 及外一点(x_0,y_0,z_0)，点到平面距离

$$\boxed{d=\frac{|Ax_0+By_0+Cz_0+D|}{\sqrt{A^2+B^2+C^2}}}$$

4. 点到空间直线间距离

点(x_0,y_0,z_0)到直线$\dfrac{x-x_1}{l}=\dfrac{y-y_1}{m}=\dfrac{z-z_1}{n}$的距离

$$d=\left\|\begin{matrix}\boldsymbol{i} & \boldsymbol{j} & \boldsymbol{k}\\x_0-x_1 & y_0-y_1 & z_0-z_1\\l & m & n\end{matrix}\right\|\cdot\frac{1}{\sqrt{l^2+m^2+n^2}}$$

这里 $\|\cdot\|$ 表示向量的模.

5. 两条异面直线间距离

若空间两条直线的矢量式方程分别为

$$\boldsymbol{r}=\boldsymbol{r}_1+\boldsymbol{s}_1t,\ \boldsymbol{r}=\boldsymbol{r}_2+\boldsymbol{s}_2t\quad t\in\mathbf{R}$$

则它们的距离

$$\boxed{d=\frac{|(\boldsymbol{r}_1-\boldsymbol{r}_2)\cdot\boldsymbol{s}_1\times\boldsymbol{s}_2|}{|\boldsymbol{s}_1\times\boldsymbol{s}_2|}=\frac{|[(\boldsymbol{r}_1-\boldsymbol{r}_2)\boldsymbol{s}_1\boldsymbol{s}_2]|}{|\boldsymbol{s}_1\times\boldsymbol{s}_2|}}$$

6. 直线、平面的夹角

空间中直线与直线、直线与平面、平面与平面间的夹角公式如下表示：

夹角种类	公　式
平面与平面夹　角	两平面 $A_ix+B_iy+C_iz+D_i=0\ (i=1,2)$ 夹角 φ $$\cos\varphi=\frac{A_1A_2+B_1B_2+C_1C_2}{\sqrt{A_1^2+B_1^2+C_1^2}\sqrt{A_2^2+B_2^2+C_2^2}}$$
直线与直线夹　角	两直线 $\frac{x-x_i}{m_i}=\frac{y-y_i}{n_i}=\frac{z-z_i}{p_i}\ (i=1,2)$ 夹角 φ $$\cos\varphi=\frac{m_1m_2+n_1n_2+p_1p_2}{\sqrt{m_1^2+n_1^2+p_1^2}\sqrt{m_2^2+n_2^2+p_2^2}}$$
直线与平面夹　角	直线：$\frac{x-x_0}{m}=\frac{y-y_0}{n}=\frac{z-z_0}{p}$； 平面：$Ax+By+Cz+D=0$； 夹角 φ：$\sin\varphi=\frac{\lvert Am+Bn+Cp\rvert}{\sqrt{A^2+B^2+C^2}\sqrt{m^2+n^2+p^2}}$

7. 直线与平面平行和垂直

直线与直线、直线与平面、平面与平面间的平行、垂直条件如下表示：

位置关系	平行条件	垂直条件
平面与平面	$\frac{A_1}{A_2}=\frac{B_1}{B_2}=\frac{C_1}{C_2}$	$A_1A_2+B_1B_2+C_1C_2=0$
直线与直线	$\frac{m_1}{m_2}=\frac{n_1}{n_2}=\frac{p_1}{p_2}$	$m_1m_2+n_1n_2+p_1p_2=0$
直线与平面	$mA+nB+pC=0$	$\frac{A}{m}=\frac{B}{n}=\frac{C}{p}$

(四) 曲面与空间曲线

1. 曲面方程

用 $F(x,y,z)=0$(隐式) 或 $z=f(x,y)$(显式) 或 $\begin{cases}x=x(u,v)\\y=y(u,v)\\z=z(u,v)\end{cases}$ (参数式) 表示空间曲面方程.

2. 空间曲线

用 $\begin{cases}F(x,y,z)=0\\G(x,y,z)=0\end{cases}$ (隐交面式) 或 $\begin{cases}y=y(x)\\z=z(x)\end{cases}$ (显交面式) 或 $\begin{cases}x=x(t)\\y=y(t)\\z=z(t)\end{cases}$ (参数式) 表示空间曲线方程.

(五) 二次曲面

常用二次曲面及其图形表

名　称		方　程	图　形
球　面		$(x-a)^2+(y-b)^2+(z-c)^2=R^2$； 球心：$(a,b,c)$；半径：$R$	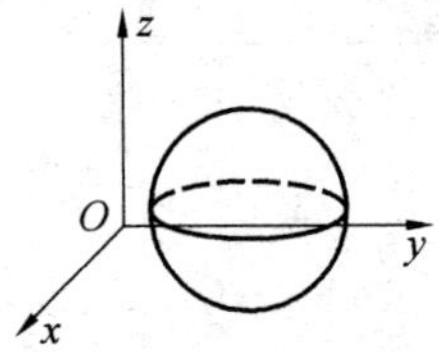
椭球面		$\dfrac{x^2}{a^2}+\dfrac{y^2}{b^2}+\dfrac{z^2}{c^2}=1$	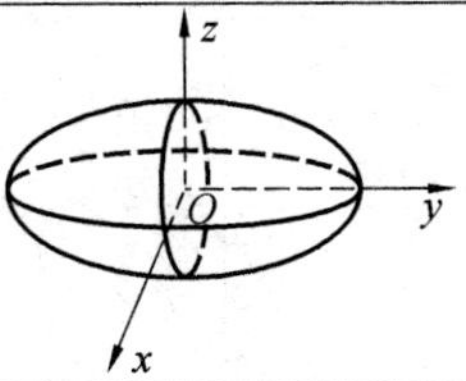
柱面	圆柱面	$x^2+y^2=R^2$	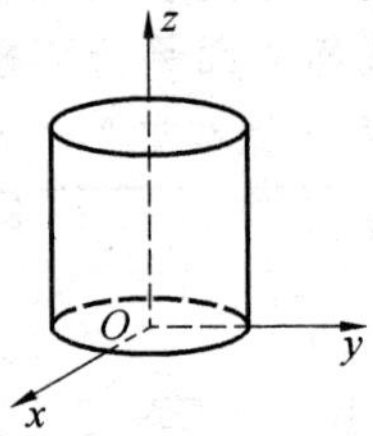
柱面	椭圆柱面	$\dfrac{x^2}{a^2}+\dfrac{y^2}{b^2}=1$	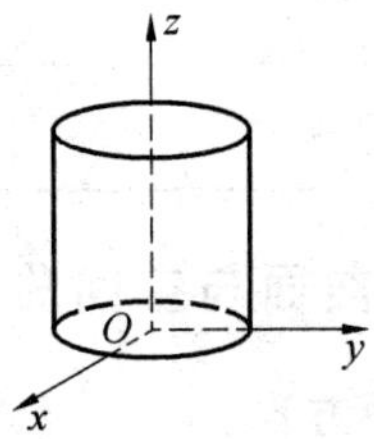
柱面	双曲柱面	$\dfrac{y^2}{b^2}-\dfrac{x^2}{a^2}=1$	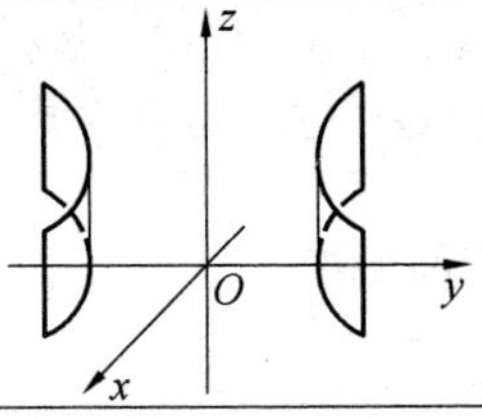
柱面	抛物柱面	$x^2-2py=0$	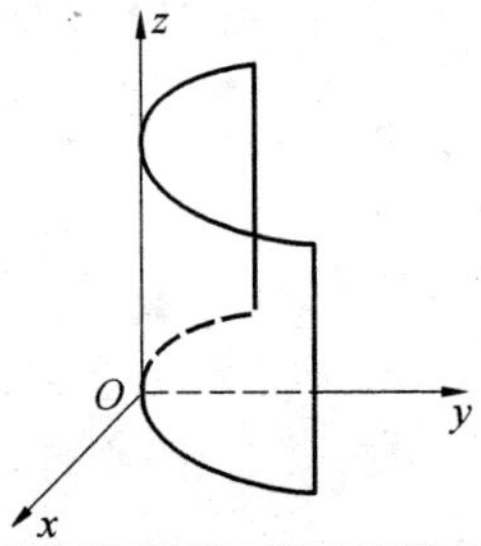

续表

名　称	方　程	图　形
旋转曲面	曲线$\begin{cases} f(y,z)=0 \\ x=0 \end{cases}$绕 Oz 轴旋转成 $f(\sqrt{x^2+y^2},z)=0$	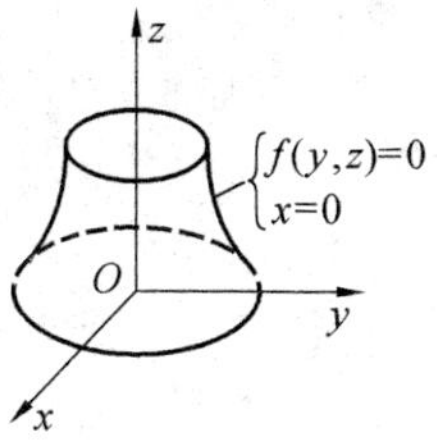
椭圆抛物线	$\dfrac{x^2}{2p}+\dfrac{y^2}{2q}=z$ (p,q 同号)	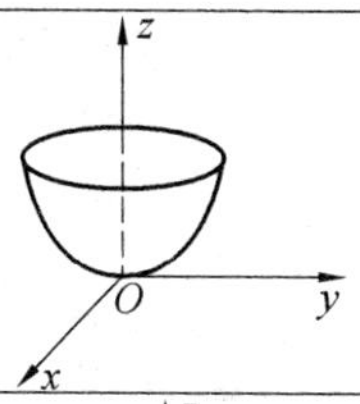
锥　面	$\dfrac{x^2}{a^2}+\dfrac{y^2}{b^2}-\dfrac{z^2}{c^2}=0$ (当 $a=b$ 时为圆锥)	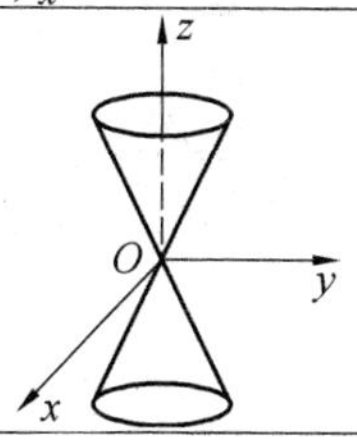
单叶双曲面	$\dfrac{x^2}{a^2}+\dfrac{y^2}{b^2}-\dfrac{z^2}{c^2}=1$	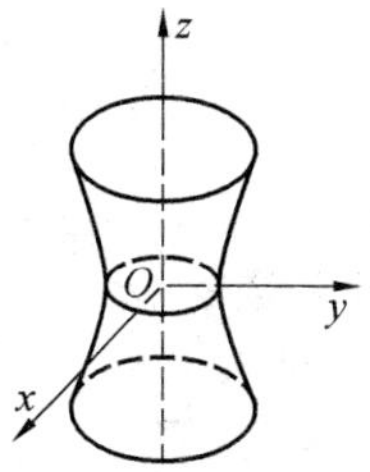
双叶双曲面	$-\dfrac{x^2}{a^2}+\dfrac{y^2}{b^2}-\dfrac{z^2}{c^2}=1$	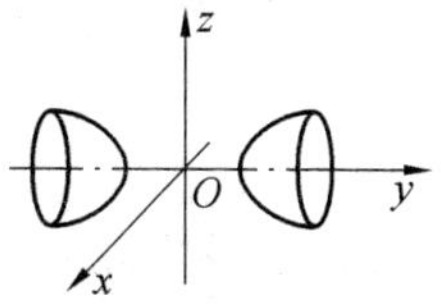
双曲抛物面	$z=\dfrac{y^2}{2p}-\dfrac{x^2}{2p}$	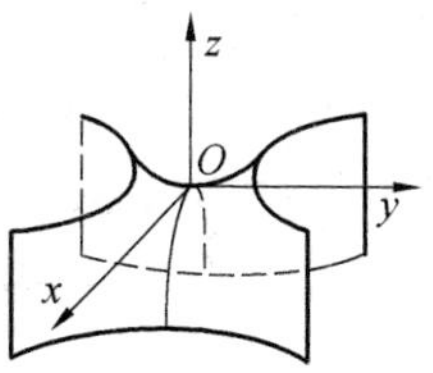

(六) 高等数学中的几何问题

在高等数学课程中涉及的几何问题大抵有下面几种：

空间解析几何
- 矢量性质及运算
- 平面方程问题 } 以及它们之间
- 直线方程问题 } 相互位置关系
- 曲面方程问题
- 曲线方程问题

} 各类方程及度量问题（距离、夹角、……）

微积分中的几何问题
- 求平面曲线方程（多与微分方程有关）
- 曲线的切线、法线、法面等问题
- 曲面的切面、法线问题
- 曲线（面）族正交问题
- 几何极值问题

} 各类方程及度量问题（曲线长、面积、体积、……）

五、多元函数微分

（一）基本问题

1. 区域、多元函数定义

由一条或几条曲线所围成的平面图形的一部分，且具有单连通性[①]者叫区域，围成区域的曲线称为该区域的边界.

区域
- 开、闭区域
  - 闭区域：包括边界曲线在内的区域；
  - 开区域：不包括边界曲线在内的区域.
- 有、无界区域
  - 有界区域：能包含在半径为有限值的圆内者；
  - 无界区域：不能包含在半径为有限值的圆内者.

多元函数定义可见一元函数内容.

2. 二元函数的极限

二元函数的极限分全面极限和累次极限两种：

全面（二重）极限	累次（二次）极限
设 $P(x,y)$，$P_0(x_0,y_0)$，又 $\rho=\|PP_0\|=\sqrt{(x-x_0)^2+(y-y_0)^2}$ 若极限 $\lim\limits_{\rho\to 0}(x,y)$ 存在，称之为 $P\to P_0$ 时全面极限	称极限 $\lim\limits_{x\to x_0}[\lim\limits_{y\to y_0}f(x,y)]$ 为累次或二次极限
变量 x，y 同时变化，且各自独立地趋向于 x_0，y_0；若 $\lim\limits_{\rho\to 0}f(x,y)$ 存在，点 (x,y) 以任何方式趋向于 (x_0,y_0) 结论均如此	变量 x，y 先后变化，且相继地趋向 x_0，y_0；函数 $f(x,y)$ 在累次极限过程，均以一元函数形式出现

注 *一般地说，全面极限存在，累次极限未必存在；反之亦然.*

二重极限与二次极限的关系 二重极限与二次极限是两个不同概念，它们之间关系：

① 所谓单连通性即区域内任意两点均可用一条折线联结起来，且折线上的点全部属于该区域.

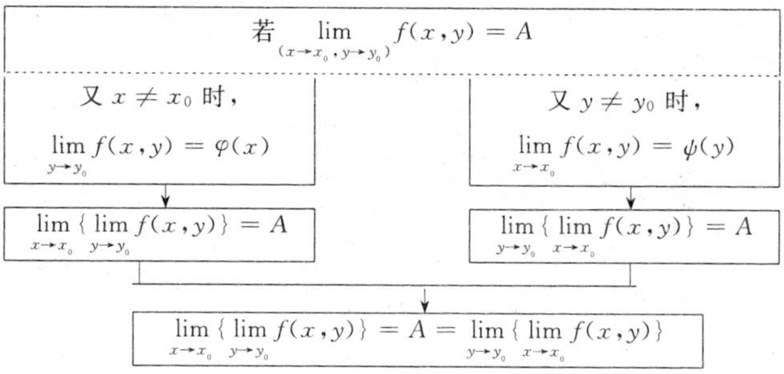

3. 二元函数的连续性

若二元函数 $f(x,y)$ 满足

$$\lim_{P \to P_0} f(P) = f(P_0) \text{ 或 } \lim_{(x \to x_0, y \to y_0)} f(x,y) = f(x_0, y_0)$$

其中，点 P, P_0 的坐标分别为 $P = (x,y), P_0 = (x_0, y_0)$，则称该函数在点 P_0 连续.

若 $f(x,y)$ 在区域 D 内每一点均连续，则称 $f(x,y)$ 在 D 内连续.

4. 二元连续函数的性质

(1) 在有界闭区域上二元连续函数有最大值、最小值定理(简称最值定理)及介值定理.

最值定理　有界闭区域上的连续函数必可取得最(大、小)值.

介值定理　有界闭区域上的连续函数取得两个不同的函数值，则它在该区域上可取得介于这两个值之间任何值.

(2) 二元连续函数的和、差、积、商(分母不为零处)及复合函数仍为连续函数.

(3) 二元初等函数在其定义域内各点处均连续.

(二) 二元函数的微分法

多元函数的偏导数问题包含下面一些内容：

- 函数的偏导数
  - 函数的偏导数
  - 复合函数的偏导数
  - 隐函数的偏导数
  - （以上）→ 高阶偏导数
- 函数的全微分
- 函数的导数
  - 普通导数
  - 方向导数
- 某些变换(换元)问题

关于复合函数、隐函数的偏导数问题计算方法可见下表：

复合函数、隐函数求导法则表

复合函数求导法	全导数公式	若 $u = f(t), v = g(t), w = h(t)$ 在 t 可导，$z = F(u,v,w)$ 有连续偏导，则 $$\frac{dz}{dt} = \frac{\partial F}{\partial u}\frac{du}{dt} + \frac{\partial F}{\partial v}\frac{dv}{dt} + \frac{\partial F}{\partial w}\frac{dw}{dt}$$
	偏导数公式	若 $u = f(x,y), v = g(x,y), w = h(x,y)$ 在 (x,y) 有偏导数，$z = F(u,v,w)$ 有连续偏导，则 $$\frac{\partial z}{\partial x} = \frac{\partial F}{\partial u}\frac{\partial u}{\partial x} + \frac{\partial F}{\partial v}\frac{\partial v}{\partial x} + \frac{\partial F}{\partial w}\frac{\partial w}{\partial x}, \frac{\partial z}{\partial y} = \frac{\partial F}{\partial u}\frac{\partial u}{\partial y} + \frac{\partial F}{\partial v}\frac{\partial v}{\partial y} + \frac{\partial F}{\partial w}\frac{\partial w}{\partial y}$$

续表

隐函数求导法	偏导数公式	若 $z=f(x,y)$ 由方程 $F(x,y,z)=0$ 确定，则： ① 将 x,y,z 视为独立变量，有 $\frac{\partial z}{\partial x}=-\frac{F'_x}{F'_z}$，$\frac{\partial z}{\partial y}=-\frac{F'_y}{F'_z}$； ② 将 $F(x,y,z)=0$ 两边对 x,y 求导（x,y 视为独立变量，z 视作 x,y 的函数），可得含 z'_x,z'_y 的方程组，解这即可
	全导数公式	若 $y=y(x)$ 是由 $F(x,y)=0$ 所确定的隐函数，则 $\frac{\mathrm{d}y}{\mathrm{d}x}=-\frac{F'_x}{F'_y}$
	方向导数计算	若 $u=f(x,y,z)$ 在 $P(x,y,z)$ 处可微，函数沿 l 的方向导数为 $\frac{\partial f}{\partial l}=\frac{\partial f}{\partial x}\cos\alpha+\frac{\partial f}{\partial y}\cos\beta+\frac{\partial f}{\partial z}\cos\gamma$ 其中，α,β,γ 为 l 与 Ox,Oy,Oz 轴正向夹角

1. 偏导数、全微分、方向导数及其几何意义

关于二元函数的偏导数、全微分及方向导数的定义、计算和它们的几何意义如下：

	定　义	计　算	几何意义
一阶偏导数	设 $z=f(x,y)$ 则 $\frac{\partial z}{\partial x}=\lim\limits_{\Delta x\to 0}[f(x+\Delta x,y)-f(x,y)]/\Delta x$ $\frac{\partial z}{\partial y}=\lim\limits_{\Delta y\to 0}[f(x,y+\Delta y)-f(x,y)]/\Delta y$	只对讨论的变量求导，其余变量视为常量（数）	$z=f(x,y)$ 在 (x_0,y_0) 处的偏导数 $f'_x(x_0,y_0)$ 是平面曲线 $z=f(x,y_0)$ 在 (x_0,y_0) 处切线的斜率 $\tan\alpha$，其中 α 为该切线与 xOy 平面的夹角
二阶偏导数	$f''_{xx}=\frac{\partial}{\partial x}\left(\frac{\partial f}{\partial x}\right)=\frac{\partial^2 f}{\partial x^2}$ $f''_{xy}=\frac{\partial}{\partial y}\left(\frac{\partial f}{\partial x}\right)=\frac{\partial^2 f}{\partial x\partial y}$ $f''_{yy}=\frac{\partial}{\partial y}\left(\frac{\partial f}{\partial y}\right)=\frac{\partial^2 f}{\partial y^2}$	注意求导次序	
全微分	若 $f(x,y)$ 在 (x,y) 处全增量 $\Delta f=A\Delta x+B\Delta y+o(\rho)$，其中 $\rho=\sqrt{\Delta x^2+\Delta y^2}$，又称 $f(x,y)$ 在 (x,y) 点可微．当 $\Delta x\to 0,\Delta y\to 0$ 时．$o(\rho)$ 为 ρ 的高阶无穷小，且与 A,B 无关．	若函数 $z=f(x,y)$ 的各偏导数存在且连续，则 z 的全微分为 $\mathrm{d}z=\frac{\partial z}{\partial x}\mathrm{d}x+\frac{\partial z}{\partial y}\mathrm{d}y$	$z=f(x,y)$ 在点 (x_0,y_0) 的全微分，即是曲面 $z=f(x,y)$ 在点 (x_0,y_0,z_0) 处切平面对于自变量增量 $\Delta x,\Delta y$ 的增量
方向导数	设函数 $z=f(x,y)$，过 $P_0(x_0,y_0)$ 引有向直线 l，与 Ox 轴正向夹角为 α，在 l 上取 $P(x_0+\Delta x,y_0+\Delta y)$，且 P,P_0 之间的距离 $\rho=\sqrt{\Delta x^2+\Delta y^2}$，称 $\lim\limits_{\rho\to 0}[f(x_0+\Delta x,y_0+\Delta y)-f(x_0,y_0)]/\rho$ 为 z 在 P_0 沿 l 的方向导数，记为 $\frac{\partial f}{\partial\alpha}$	$\frac{\partial f}{\partial\alpha}=\frac{\partial f}{\partial x}\cos\alpha+\frac{\partial f}{\partial y}\sin\alpha$， $\frac{\partial f}{\partial\alpha}=\frac{\partial f}{\partial x}\sin\beta+\frac{\partial f}{\partial y}\cos\beta$， β 为 l 与 Oy 轴正向夹角，且 $\alpha+\beta=\frac{\pi}{2}$	

注　多元函数可微定义如：设 n 元函数 f 在 $M_0(x_1^{(0)},x_2^{(0)},\cdots,x_n^{(0)})$ 邻域有定义，且对其中一点 $M_1(x_1^{(1)},x_2^{(1)},\cdots,x_n^{(1)})$ 有

$$f(M_0)-f(M_1)=\sum_{i=1}^{n}A_i(x_i^{(1)}-x_i^{(0)})+o(\rho)$$

其中 $\rho=\sqrt{\sum\limits_{i=1}^{n}(x_i^{(1)}-x_i^{(0)})^2}$，又 A_i 仅与 M_0 有关，则称 f 在 M_0 可微.

由于多元函数仅存在方向导致，可微概念可视为多元函数"导数"（它不存）的替代或补充.

2. 复合函数及隐函数微分法

复合函数和隐函数的微分方法，如下：

$$\begin{cases}\text{复合函数}\begin{cases}z=f(u,v)\text{，其中}\\ \begin{cases}u=\varphi(x,y)\\ v=\psi(x,y)\end{cases},\begin{cases}\dfrac{\partial z}{\partial x}=\dfrac{\partial z}{\partial u}\dfrac{\partial u}{\partial x}+\dfrac{\partial z}{\partial v}\dfrac{\partial v}{\partial x}\\ \dfrac{\partial z}{\partial y}=\dfrac{\partial z}{\partial u}\dfrac{\partial u}{\partial y}+\dfrac{\partial z}{\partial v}\dfrac{\partial v}{\partial y}\end{cases}\\ \begin{cases}u=\varphi(t)\\ v=\psi(t)\end{cases},\dfrac{\partial z}{\partial t}=\dfrac{\partial z}{\partial u}\varphi'(t)+\dfrac{\partial z}{\partial v}\psi'(t)\end{cases}\\ \text{隐函数}\begin{cases}\text{二元函数}\quad F(x,y)=0\\ \quad\text{若 } y=f(x)\text{，则}\\ \qquad f'(x)=\dfrac{F'_x(x,y)}{F'_y(x,y)}\\ \text{三元函数}\quad F(x,y,z)=0\\ \quad\text{若 } z=f(x,y)\text{，则}\\ \qquad\begin{cases}\dfrac{\partial z}{\partial x}=-\dfrac{F'_x}{F'_z}\\ \dfrac{\partial z}{\partial y}=-\dfrac{F'_y}{F'_z}\end{cases}\end{cases}\end{cases}$$

多元函数连续、可导、可微间的关系：

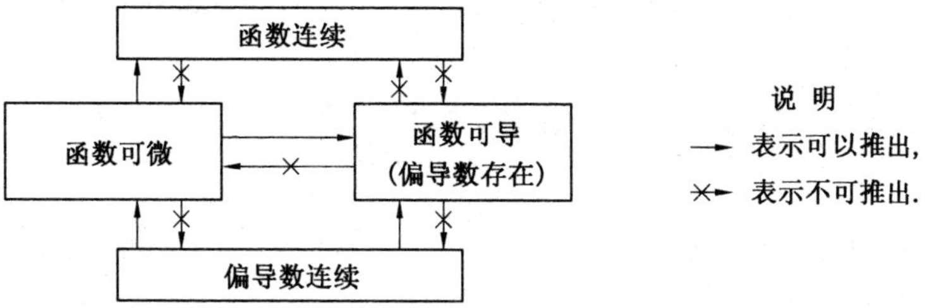

3. 偏导数的几何应用

偏导数在几何上甚有应用，比如求空间曲线在某点处的切线及法平面方程、空间曲面在某点处的切平面及法线方程等.

如果理解了偏导数的几何意义，再结合上一章的理论，这些切线、法线及切平面、法平面方程不难求得.

(1) 曲面的切平面及法线方程

曲面方程分为显式和隐式，因而它们的切平面及法线方程有着不同形式的表达，如下：

曲面方程	切平面方程	法线方程
$z=f(x,y)$ (显　式)	$z-z_0=f'_x(x_0,y_0)\cdot(x-x_0)+$ $f'_y(x_0,y_0)\cdot(y-y_0)$	$\dfrac{x-x_0}{f'_x(x_0,y_0)}=\dfrac{y-y_0}{f'_y(x_0,y_0)}=\dfrac{z-z_0}{-1}$
$F(x,y,z)=0$ (隐　式)	$F'_x(x_0,y_0,z_0)(x-x_0)+$ $F'_y(x_0,y_0,z_0)(y-y_0)+$ $F'_z(x_0,y_0,z_0)(z-z_0)=0$	$\dfrac{x-x_0}{F'_x(x_0,y_0,z_0)}=\dfrac{y-y_0}{F'_y(x_0,y_0,z_0)}$ $=\dfrac{z-z_0}{F'_z(x_0,y_0,z_0)}$

(2) 空间曲线的切线及法平面方程

曲线方程	切线方程	法平面方程
$\begin{cases}x=x(t)\\y=y(t)\\z=z(t)\end{cases}$	$\dfrac{x-x_0}{x'_t(t_0)}=\dfrac{y-y_0}{y'_t(t_0)}=\dfrac{z-z_0}{z'_t(t_0)}$	$x'_t(t_0)(x-x_0)+y'_t(t_0)(y-y_0)+$ $z'_t(t_0)(z-z_0)=0$
$\begin{cases}F(x,y,z)=0\\\Phi(x,y,z)=0\end{cases}$	$\dfrac{x-x_0}{m}=\dfrac{y-y_0}{n}=\dfrac{z-z_0}{p}$	$m(x-x_0)+n(y-y_0)+p(z-z_0)=0$

注1　表中

$$m=\frac{D(F,\Phi)}{D(y,z)}\bigg|_{M_0}=\begin{vmatrix}F'_y & F'_z\\ \Phi'_y & \Phi'_z\end{vmatrix}_{M_0}\qquad n=\frac{D(F,\Phi)}{D(z,x)}\bigg|_{M_0}=\begin{vmatrix}F'_z & F'_x\\ \Phi'_z & \Phi'_x\end{vmatrix}_{M_0}$$

$$p=\frac{D(F,\Phi)}{D(x,y)}\bigg|_{M_0}=\begin{vmatrix}F'_x & F'_y\\ \Phi'_x & \Phi'_y\end{vmatrix}_{M_0}$$

其中 M_0 坐标为 (x_0,y_0,z_0). 又上述三行列式常称为雅可比(C. G. J. Jacobi) 行列式. 这也可用形式行列式

$$(m,n,p)=\begin{vmatrix}\boldsymbol{i} & \boldsymbol{j} & \boldsymbol{k}\\ F'_x & F'_y & F'_z\\ \Phi'_x & \Phi'_y & \Phi'_z\end{vmatrix}_{(x_0,y_0,z_0)}$$

去记忆(按第一行展开即可).

注 2　对参数方程曲线切线的方向余弦为

$$\{\cos\alpha,\cos\beta,\cos\gamma\}=\left\{\frac{x'(t_0)}{r},\frac{y'(t_0)}{r},\frac{z'(t_0)}{r}\right\}$$

其中 $r=\pm\sqrt{x'^2(t_0)+y'^2(t_0)+z'^2(t_0)}$, α,β,γ 为切线与三坐标轴正向夹角. 而一般方程曲线切线的方向余弦为

$$\left\{\frac{m}{D},\frac{n}{D},\frac{p}{D}\right\}$$

其中 $D=\pm\sqrt{m^2+n^2+p^2}$.

注 3　从几何意义上去记忆上述诸方程是方便和容易的.

4. 多元函数极(大、小)、最(大、小)值

(1) 充要条件

必要条件: $z=f(x,y)$ 在 (x_0,y_0) 处可微, 且有极值, 则 $f'_x(x_0,y_0)=0$, $f'_y(x_0,y_0)=0$.

充分条件: $z=f(x,y)$ 在 (x_0,y_0) 某个邻域内有连续二阶偏导 f''_{x^2}, f''_{xy}, f''_{y^2}, 今设 $A=f''_{x^2}(x_0,$

y_0);$B=f''_{x,y}(x_0,y_0)$;$C=f''_{y^2}(x_0,y_0)$.

又 $f'_x(x_0,y_0)=f'_y(x_0,y_0)=0$,由优化理论知:$n$ 元函数 $f(x)$ 当 $\Delta f(x^*)=0$,及 Hesee 阵 $\nabla^2 f(x^*)$ 正定,可判定 x^* 为 $f(x)$ 的极值点.则有结论

条　件		结　论
$B^2-AC<0$	$A<0$(或 $C<0$)	$f(x_0,y_0)$ 极大值
	$A>0$(或 $C>0$)	$f(x_0,y_0)$ 极小值
$B^2-AC=0$	待定	
$B^2-AC>0$	$f(x_0,y_0)$ 不是极值	

此结论亦可由最优化方法理论中 $\nabla f=0$ 及其 Hesse 阵 $\boldsymbol{H}=\nabla^2 f$ 正定性推出,具体结论如下:

若记 $\nabla^2 f=\begin{pmatrix} f''_{x^2} & f''_{xy} \\ f''_{xy} & f''_{y^2} \end{pmatrix}$,则二元函数 $f(x,y)$ 的 Taylor 展开

$$f=f_0+\lambda\nabla f_0^T\boldsymbol{d}+\frac{1}{2}\lambda^2\boldsymbol{d}^T\nabla^2 f\boldsymbol{d}+o(\lambda^2\|\boldsymbol{d}\|^2)$$

其中 $\boldsymbol{x}=\boldsymbol{x}_0+\lambda\boldsymbol{d}$,这样由二次型结论知 $\nabla f=0$,$|\nabla^2 f|=\det\nabla^2 f>0$ 时,$f''_{x^2}>0$,$f(x,y)$ 在 x_0 取极小值.$f''_{x^2}<0$,$f(x,y)$ 在 x_0 取极大值.

(2) 条件极值

由条件 $\varphi(x,y)=0$,求 $z=f(x,y)$ 的极值.这里 $z=f(x,y)$ 称**目标函数**,$\varphi(x,y)=0$ 称**约束条件**.

① 升元法.(拉格朗日乘子法)引入新函数

$$F(x,y,\lambda)=f(x,y)+\lambda\varphi(x,y)$$

解方程组

$$\frac{\partial F}{\partial x}=0,\ \frac{\partial F}{\partial y}=0,\ \frac{\partial F}{\partial \lambda}=0\ (\text{即 }\varphi(x,y)=0)$$

得到极值的必要条件,再求极值.

注　一般情况下,函数在某区域内的极值与条件极值是不同的,条件极值是在某些约束条件下原来函数的极值.

升元法也称**拉格朗日乘子法**.

② 降元法.由约束条件 $\varphi(x,y)=0$ 解出 $y=y(x)$ 或 $x=x(y)$,再代入目标函数 $z=f(x,y)$ 化为一元函数极值问题.

注　约束条件不易求出 x 和 y 的表达式时,则用乘子法好.

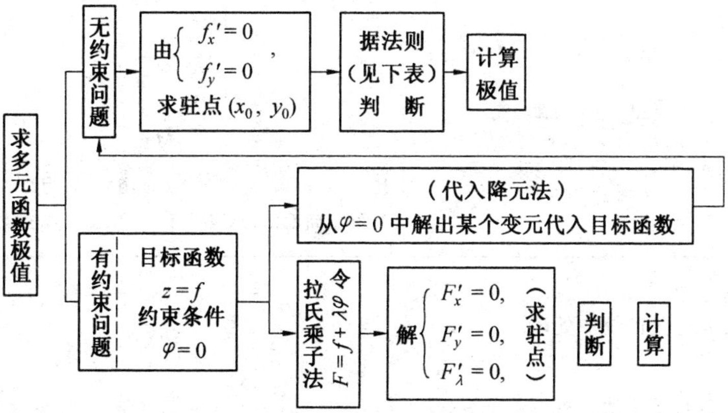

(3) 最大、最小值

函数在区域内的极值及其在边界上的值，择其最大者即为该函数在闭区域上的最大值；择其最小者即为其最小值.

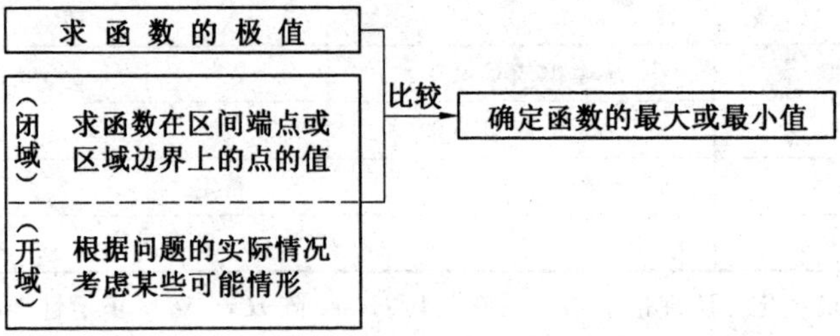

六、多元函数积分

(一) 重积分

1. 概念

(1) 重积分的定义(略)

(2) 重积分的几何、物理意义

重积分几何、物理意义表

积分	几何意义	物理意义
二重积分	$\iint\limits_D dxdy$ 表示区域 D 的面积； $\iint\limits_D f(x,y)d\sigma$ 表示曲顶直柱体体积代数和(这里 $d\sigma=dxdy$ 称为**面积元**)，$z=f(x,y)$ 为直柱体曲顶	① 平面薄板 D 的重心$(\bar{x},\bar{y})$ $\begin{cases}\bar{x}=\dfrac{1}{M}\iint\limits_D x\mu(x,y)d\sigma\\ \bar{y}=\dfrac{1}{M}\iint\limits_D y\mu(x,y)d\sigma\end{cases}$ 其中，$\mu(x,y)$ 为密度函数，M 为 D 的质量. ② 平面薄板 D 对坐标轴及原点 O 的转动惯量(略)
三重积分	$\iiint\limits_\Omega dxdydz$ 或 $\iiint\limits_\Omega dv$ 表示空间区域 Ω 的体积($dv=dxdydz$ 称为**体积元**)	① 空间物体 Ω 的重心$(\bar{x},\bar{y},\bar{z})$ $\begin{cases}\bar{x}=\dfrac{1}{M}\iiint\limits_\Omega x\mu(x,y,z)dv\\ \bar{y}=\dfrac{1}{M}\iiint\limits_\Omega y\mu(x,y,z)dv\\ \bar{z}=\dfrac{1}{M}\iiint\limits_\Omega z\mu(x,y,z)dv\end{cases}$ 其中，$\mu(x,y,z)$ 为 Ω 的密度函数，M 为 Ω 的质量. ② 空间物体弦对各坐标面、轴及原点的转动惯量(略)

(3) 重积分的性质

见一元函数积分处的统一处理.

2. 计算

重积分问题的计算方法大抵可见下表(这里体现数学的一个重要的数学思想，即转化思想)：

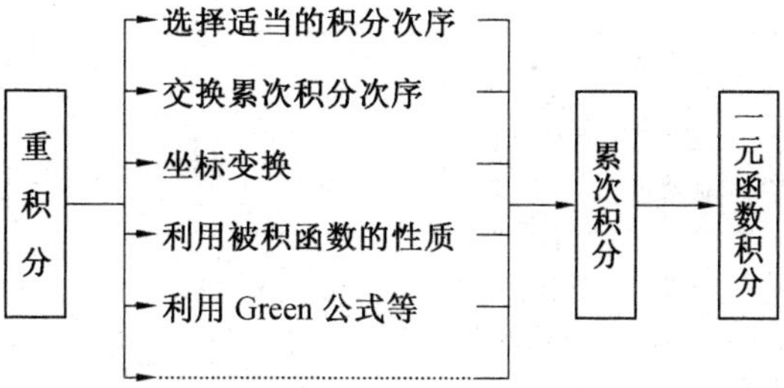

对直角坐标系而言，选择积分次序十分重要，在相同的积分域上，对某些函数(往往是不对称函数)，选择不同的积分次序，其难易程度相差甚殊，有的甚至不能积出(见后面的例子). 对三重积分也是如此.

当然更重要的是坐标变换，它往往可以使某些积分运算简化.

(1) 二重积分

直角坐标系	极坐标系
①$D:\begin{cases}\varphi_1(x)\leqslant y\leqslant\varphi_2(x)\\ a\leqslant x\leqslant b\end{cases}$ $\iint_D f\mathrm{d}\sigma=\int_a^b\mathrm{d}x\int_{\varphi_1(x)}^{\varphi_2(x)}f(x,y)\mathrm{d}y$ ②$D:\begin{cases}\psi_1(y)\leqslant x\leqslant\psi_2(y)\\ c\leqslant y\leqslant d\end{cases}$ $\iint_D f\mathrm{d}\sigma=\int_c^d\mathrm{d}y\int_{\psi_1(y)}^{\psi_2(y)}f(x,y)\mathrm{d}x$	① 极点在 D 的内部或边界上，D：$\begin{cases}0\leqslant\theta\leqslant 2\pi\\ 0\leqslant r\leqslant r(\theta)\end{cases}$ $\iint_D f\mathrm{d}\sigma=\int_0^{2\pi}\mathrm{d}\theta\int_0^{r(\theta)}f(r\cos\theta,r\sin\theta)r\mathrm{d}r$ ② 极点在 D 的外部，D：$\begin{cases}r_1(\theta)\leqslant r\leqslant r_2(\theta)\\ \alpha\leqslant\theta\leqslant\beta\end{cases}$ $\iint_D f\mathrm{d}\sigma=\int_\alpha^\beta\mathrm{d}\theta\int_{r_1(\theta)}^{r_2(\theta)}f(r\cos\theta,r\sin\theta)r\mathrm{d}r$

(2) 三重积分

坐 标 系	积分区域	化为累次积分公式
直角坐标系	$\Omega:\begin{cases}\psi_1(x,y)\leqslant z\leqslant\psi_2(x,y)\\ \varphi_1(x)\leqslant y\leqslant\varphi_2(x)\\ a\leqslant x\leqslant b\end{cases}$	$I=\int_a^b\mathrm{d}x\int_{\varphi_1(x)}^{\varphi_2(x)}\mathrm{d}y\int_{\psi_1(x,y)}^{\psi_2(x,y)}f(x,y,z)\mathrm{d}z$
柱坐标系	$\Omega:\begin{cases}\psi_1(r,\theta)\leqslant z\leqslant\psi_2(r,\theta)\\ \varphi_1(\theta)\leqslant r\leqslant\varphi_2(\theta)\\ \alpha\leqslant\theta\leqslant\beta\end{cases}$	$I=\int_\alpha^\beta\mathrm{d}\theta\int_{\varphi_1(\theta)}^{\varphi_2(\theta)}\mathrm{d}r\cdot$ $\int_{\psi_1(r,\theta)}^{\psi_2(r,\theta)}f(r\cos\theta,r\sin\theta,z)r\mathrm{d}z$
球坐标系	$\Omega:\begin{cases}\psi_1(\varphi,\theta)\leqslant r\leqslant\psi_2(\varphi,\theta)\\ \varphi_1(\theta)\leqslant\varphi\leqslant\varphi_2(\theta)\\ \alpha\leqslant\theta\leqslant\beta\end{cases}$	$I=\int_\alpha^\beta\mathrm{d}\theta\int_{\varphi_1(\theta)}^{\varphi_2(\theta)}\mathrm{d}\varphi\int_{\psi_1(\varphi,\theta)}^{\psi_2(\varphi,\theta)}f(r\sin\varphi\cos\theta,$ $r\sin\varphi\sin\theta,r\cos\varphi)r^2\sin\varphi\mathrm{d}r$

平面两种坐标系及适应范围表

坐标系	适用范围	面积元素	变量替换	积分表达式
直角坐标系	积分区域 D 的边界由直线、抛物线、双曲线等所围成	$\mathrm{d}x\mathrm{d}y$		$\iint\limits_D f(x,y)\mathrm{d}x\mathrm{d}y$
极坐标系	积分区域 D 的边界由圆周(或其一部分)或由极坐标方程给出的曲线所围成时.如以原点为心的扇形、圆环域等,且被积函数为 x^2+y^2 的函数时	$r\mathrm{d}r\mathrm{d}\theta$	$\begin{cases}x=r\cos\theta\\y=r\sin\theta\end{cases}$	$\iint\limits_D f(r\cos\theta,r\sin\theta)r\mathrm{d}r\mathrm{d}\theta$

空间三种坐标系选择及适用范围表

坐标系	适用范围	体积元素	变量替换	积分表达式
直角坐标系	积分区域界面由平面、抛物面围成	$\mathrm{d}x\mathrm{d}y\mathrm{d}z$		$\iiint\limits_\Omega f(x,y,z)\mathrm{d}x\mathrm{d}y\mathrm{d}z$
柱坐标系	积分区域界面为圆柱面或旋转抛物面等,被积函数为 x^2+y^2 和 z 的函数	$r\mathrm{d}r\mathrm{d}\theta\mathrm{d}z$	$\begin{cases}x=r\cos\theta\\y=r\sin\theta\\z=z\end{cases}$	$\iiint\limits_\Omega f(r\cos\theta,r\sin\theta,z)\cdot r\mathrm{d}r\mathrm{d}\theta\mathrm{d}z$
球坐标系	积分区域界面为球面或圆锥面,被积函数为 $x^2+y^2+z^2$ 的函数	$r^2\sin\varphi\mathrm{d}r\mathrm{d}\varphi\mathrm{d}\theta$	$\begin{cases}x=r\sin\varphi\cdot\cos\theta\\y=r\sin\varphi\cdot\sin\theta\\z=r\cos\varphi\end{cases}$	$\iiint\limits_\Omega (r\sin\varphi\cos\theta,r\sin\varphi\sin\theta,r\cos\varphi)r^2\sin\varphi\mathrm{d}r\mathrm{d}\varphi\mathrm{d}\theta$

注1 坐标变换的选取,一般依被积函数的形式或积分区域形状而定.适当的选取,对于简化积分计算来讲十分重要.

注2 变量替换的雅可比行列式,对一般函数变换来讲,其变换的面积或体积单元常数,可由雅可比行列式给出.

积　分	变量替换公式	雅可比行列式
二重积分	$\begin{cases}x=x(u,v)\\y=y(u,v)\end{cases}$	$J=\dfrac{D(x,y)}{D(u,v)}=\begin{vmatrix}x'_u & x'_v\\y'_u & y'_v\end{vmatrix}$
三重积分	$\begin{cases}x=x(u,v,w)\\y=y(u,v,w)\\z=z(u,v,w)\end{cases}$	$\dfrac{D(x,y,z)}{D(u,v,w)}=\begin{vmatrix}x'_u & x'_v & x'_w\\y'_u & y'_v & y'_w\\z'_u & z'_v & z'_w\end{vmatrix}$

显然,对于平面极坐标变换,$J=r$;对于空间柱坐标变换,$J=r$;对于空间球坐标变换,$J=r^2\sin\varphi$.这样

$$\iint\limits_D f(x,y)\mathrm{d}\sigma=\iint\limits_{D'}f[x(u,v),y(u,v)]\,|J|\,\mathrm{d}u\mathrm{d}v$$

$$\iiint\limits_\Omega f(x,y,z)\mathrm{d}v=\iiint\limits_{\Omega'}f[x(u,v,w),y(u,v,w),z(u,v,w)]\mathrm{d}u\mathrm{d}v\mathrm{d}w$$

3. 应用

<table>
<tr><th></th><th></th><th>二重积分</th><th>三重积分</th></tr>
<tr><td rowspan="2">几何上</td><td>计算面积</td><td>平面曲线 D 所围成图形的面积
$$S=\iint\limits_D \mathrm{d}x\mathrm{d}y$$
光滑曲面的 $z=f(x,y)$ 的面积
$$S=\iint\limits_D \sqrt{1+z'^2_x+z'^2_y}\,\mathrm{d}x\mathrm{d}y$$
D:已知曲面在 xOy 平面投影</td><td></td></tr>
<tr><td>计算体积</td><td>下底 D 在平面 $z=0$,上底为 $z=f(x,y)$ 的曲顶柱体体积
$$V=\iint\limits_D f(x,y)\mathrm{d}x\mathrm{d}y$$</td><td>已知界面的空间区域 Ω 的体积为
$$V=\iiint\limits_{\Omega}\mathrm{d}x\mathrm{d}y\mathrm{d}z$$</td></tr>
<tr><td rowspan="2">物理上</td><td>求重心</td><td>平面薄板域 D 重心$(\overline{x},\overline{y})$
$$\begin{cases}\overline{x}=\dfrac{1}{M}\iint\limits_D x\mu\,\mathrm{d}x\mathrm{d}y\\ \overline{y}=\dfrac{1}{M}\iint\limits_D y\mu\,\mathrm{d}x\mathrm{d}y\end{cases}$$
其中,$\mu(x,y)$ 为 D 的密度,M 为 D 的质量,且
$$M=\iint\limits_D \mu\,\mathrm{d}x\mathrm{d}y$$</td><td>空间物体 Ω 的重心$(\overline{x},\overline{y},\overline{z})$
$$\begin{cases}\overline{x}=\dfrac{1}{M}\iiint\limits_{\Omega} x\mu\,\mathrm{d}x\mathrm{d}y\mathrm{d}z\\ \overline{y}=\dfrac{1}{M}\iiint\limits_{\Omega} y\mu\,\mathrm{d}x\mathrm{d}y\mathrm{d}z\\ \overline{z}=\dfrac{1}{M}\iiint\limits_{\Omega} z\mu\,\mathrm{d}x\mathrm{d}y\mathrm{d}z\end{cases}$$
其中,$\mu(x,y,z)$ 为 Ω 的密度,M 为 Ω 的质量,且
$$M=\iiint\limits_{\Omega}\mu\,\mathrm{d}x\mathrm{d}y\mathrm{d}z$$</td></tr>
<tr><td>求转动惯量</td><td>平面薄片 D 对 Ox,Oy 轴及原点 O 的转动惯量
$$J_{Oy}=\iint\limits_D x^2\mu\,\mathrm{d}x\mathrm{d}y$$
$$J_{Ox}=\iint\limits_D y^2\mu\,\mathrm{d}x\mathrm{d}y$$
$$J_O=J_{Ox}+J_{Oy}$$</td><td>空间物体 Ω 对各坐标面、坐标轴及原点的转动惯量
$$J_{xy面}=\iiint\limits_{\Omega} z^2\mu\,\mathrm{d}x\mathrm{d}y\mathrm{d}z,\ J_{yz面}=\iiint\limits_{\Omega} x^2\mu\,\mathrm{d}x\mathrm{d}y\mathrm{d}z$$
$$J_{zx面}=\iiint\limits_{\Omega} y^2\mu\,\mathrm{d}x\mathrm{d}y\mathrm{d}z$$
$J_{Ox轴}=J_{xy}+J_{xz}$, $J_{Oy轴}=J_{yx}+J_{yz}$
$J_{Oz轴}=J_{zx}+J_{zy}$, $J_O=J_{xy}+J_{yz}+J_{zx}$</td></tr>
</table>

(二) 曲线及曲面积分

1. 曲线积分

两型曲线积分定义、计算方法及应用如下:

		第Ⅰ型(对弧长的)	第Ⅱ型(对坐标的)
定义		$I=\int_{\overset{\frown}{AB}}f(x,y)\mathrm{d}s=\lim\limits_{\substack{n\to\infty\\ \lVert\Delta s\rVert\to 0}}\sum\limits_{i=1}^{n}f(\xi_i,\eta_i)\Delta s_i$	$I=\int_{\overset{\frown}{AB}}P(x,y)\mathrm{d}x+Q(x,y)\mathrm{d}y$ $=\lim\limits_{\substack{n\to\infty\\ \lVert\Delta s\rVert\to 0}}\sum\limits_{i=1}^{n}\{P(\xi_i,\eta_i)\Delta x_i+Q(\xi_i,\eta_i)\Delta y_i\}$
计算方法		① 若$\overset{\frown}{AB}$：$y=\varphi(x),a\leqslant x\leqslant b$，$\mathrm{d}s=\sqrt{1+\varphi'^2}\,\mathrm{d}x$，$I=\int_a^b f[x,\varphi(x)]\sqrt{1+\varphi'^2(x)}\,\mathrm{d}x$	① 若$\overset{\frown}{AB}$：$y=\varphi(x),a\leqslant x\leqslant b$. $I=\int_a^b\{P[x,\varphi(x)]+Q[x,\varphi(x)]\varphi'(x)\}\mathrm{d}x$
		② 若$\overset{\frown}{AB}$：$\mathrm{d}s=\sqrt{1+\psi'^2}\,\mathrm{d}y$，$I=\int_c^d[\psi(y),y]\sqrt{1+\psi'^2(y)}\,\mathrm{d}y$	② 若$\overset{\frown}{AB}$：$x=\psi(y),c\leqslant y\leqslant d$. $I=\int_c^d\{P[\psi(y),y]\psi'(y)+Q[\psi(y),y]\}\mathrm{d}y$
		③ 若$\overset{\frown}{AB}$：$x=\varphi(t),y=\psi(t)$，其中$\alpha\leqslant t\leqslant\beta$，$I=\int_\alpha^\beta f[\varphi(t),\psi(t)]\sqrt{\varphi'^2+\psi'^2}\,\mathrm{d}t$	③ 若$\overset{\frown}{AB}$：$x=\varphi(t),y=\psi(t)$，其中$\alpha\leqslant t\leqslant\beta$，$I=\int_\alpha^\beta\{P[\varphi(t),\psi(t)]\varphi'(t)+Q[\varphi(t),\psi(t)]\psi'(t)\}\mathrm{d}t$ ④ 格林公式(见后面内容). ⑤ 斯托克斯公式(见后面内容)
应用	几何上	可微曲线c的弧长为$\int_c\mathrm{d}s$	平面单连通域D的边界曲线c为光滑曲线，且平行于坐标轴的直线与c的交点不多于两个，则D的面积 $\iint\limits_D\mathrm{d}x\mathrm{d}y=\frac{1}{2}\oint_c x\,\mathrm{d}y-y\mathrm{d}x$
	物理上	若$\mu(x,y,z)$为可微曲线c的密度，c的总质量$M=\int_c\mu\,\mathrm{d}s$，则c的重心$G(\overline{x},\overline{y},\overline{z})$ $\begin{cases}\overline{x}=\frac{1}{M}\int_c x\mu\,\mathrm{d}s\\ \overline{y}=\frac{1}{M}\int_c y\mu\,\mathrm{d}s\\ \overline{z}=\frac{1}{M}\int_c z\mu\,\mathrm{d}s\end{cases}$	若力$\boldsymbol{F}=P\boldsymbol{i}+Q\boldsymbol{j}+R\boldsymbol{k}$的作用点描绘曲线$c$，则$\boldsymbol{F}$沿$c$做的功为 $W=\int_c\boldsymbol{F}\mathrm{d}\boldsymbol{l}=\int_c P\mathrm{d}x+Q\mathrm{d}y+R\mathrm{d}z$ 这里$\mathrm{d}\boldsymbol{l}=\mathrm{d}x\,\boldsymbol{i}+\mathrm{d}y\boldsymbol{j}+\mathrm{d}z\,\boldsymbol{k}$

曲线积分计算步骤框图

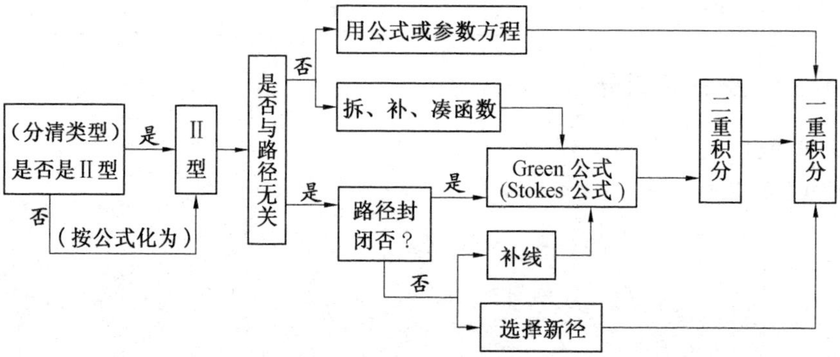

2. 曲面积分

两型曲面积分的定义、计算方法及应用如下：

		第 Ⅰ 型(对面积的)	第 Ⅱ 型(对坐标的)
定义		$I=\iint\limits_{\Sigma} f(x,y,z)\mathrm{d}\sigma$ $=\lim\limits_{\substack{n\to\infty\\ \lVert\Delta s\rVert\to 0}}\sum\limits_{i=1}^{n} f(x_i,y_i,z_i)\Delta\sigma_i$	$I=\iint\limits_{\Sigma} P\mathrm{d}y\mathrm{d}z+Q\mathrm{d}x\mathrm{d}z+R\mathrm{d}x\mathrm{d}y$ $=\lim\limits_{\substack{n\to\infty\\ \lVert\Delta s\rVert\to 0}}\sum\limits_{i=1}^{n}\{P_i\Delta\sigma_{i,yz}-Q_i\Delta\sigma_{i,xz}-R_i\sigma_{i,xy}\}$
计算方法		①Σ：$z=z(x,y)$，D_{xy} 是 Σ 在 xy 平面投影 $\iint\limits_{\Sigma} f\mathrm{d}\sigma=\iint\limits_{D_{xy}} f[x,y,z(x,y)]\sqrt{1+z'^2_x+z'^2_y}\,\mathrm{d}x\mathrm{d}y$	①$\iint\limits_{\Sigma} P\mathrm{d}y\mathrm{d}z=\pm\iint\limits_{D_{yz}} P[x(y,z),y,z]\mathrm{d}y\mathrm{d}z$. 类似地可有$\iint\limits_{\Sigma} Q\mathrm{d}y\mathrm{d}x$，$\iint\limits_{\Sigma} R\mathrm{d}x\mathrm{d}z$ 的相应公式
		② 对于Σ：$x=x(y,z)$ 或 $y=y(x,z)$，仿上可有类似公式	② 奥-高(Остргрaдский-Gauss)公式(见后面内容)
应用	几何上	曲面 Σ 的面积为$\iint\limits_{\Sigma}\mathrm{d}\sigma$	空间区域 Ω 的体积(满足奥-高公式条件) $V=\iiint\limits_{\Omega}\mathrm{d}x\mathrm{d}y\mathrm{d}z=\frac{1}{3}\oiint\limits_{\Sigma_{外}} x\mathrm{d}y\mathrm{d}z+y\mathrm{d}x\mathrm{d}z+z\mathrm{d}x\mathrm{d}y$
	物理上	曲面Σ的质量密度为$\mu(x,y,z)$，则Σ的总质量为 $M=\iint\limits_{\Sigma}\mu\,\mathrm{d}\sigma$，$\Sigma$ 的重心$(\bar{x},\bar{y},\bar{z})$ 为 $\begin{cases}\bar{x}=\frac{1}{M}\iint\limits_{\Sigma} x\mu\,\mathrm{d}\sigma\\ \bar{y}=\frac{1}{M}\iint\limits_{\Sigma} y\mu\,\mathrm{d}\sigma\\ \bar{z}=\frac{1}{M}\iint\limits_{\Sigma} z\mu\,\mathrm{d}\sigma\end{cases}$	若流体流速 $\boldsymbol{v}=a\boldsymbol{i}+b\boldsymbol{j}+c\boldsymbol{k}$，它通过曲面 Σ 的流量为 $Q=\iint\limits_{\Sigma}\boldsymbol{v}\mathrm{d}\sigma=\iint\limits_{\Sigma} a\mathrm{d}y\mathrm{d}z+b\mathrm{d}x\mathrm{d}z+c\mathrm{d}x\mathrm{d}y$ 若电场场强 $\boldsymbol{E}=a\boldsymbol{i}+b\boldsymbol{j}+c\boldsymbol{k}$，它通过曲面 Σ 的电通量为 $\Phi=\iint\limits_{\Sigma}\boldsymbol{E}\mathrm{d}\sigma=\iint\limits_{\Sigma} a\mathrm{d}y\mathrm{d}z+b\mathrm{d}x\mathrm{d}z+c\mathrm{d}x\mathrm{d}y$

曲面积分计算步骤框图

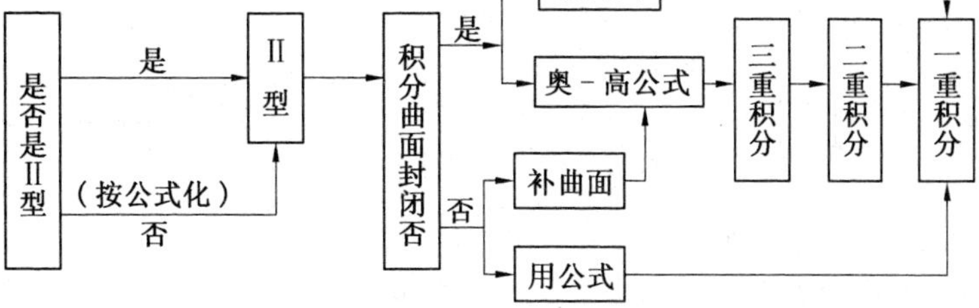

各类积分与积分路径(区域)方向关系

积　分	积分区域	与方向关系
二、三重积分	直线或平面或空间有界域	无　关
Ⅰ 型曲线、曲面积分	曲线或曲面(有向)	无　关
Ⅱ 型曲线、曲面积分	曲线或曲面(有向)	无　关

3. 各类积分的关系

(1) 第 Ⅰ,Ⅱ 型曲线积分关系

$$\int_{\overset{\frown}{AB}} P\,dx + Q\,dy + R\,dz = \int_{\overset{\frown}{AB}} (P\cos\alpha + Q\cos\beta + R\cos\gamma)\,d\sigma$$

这里$(\cos\alpha,\cos\beta,\cos\gamma)$为$\overset{\frown}{AB}$在$(x,y,z)$处切线矢量$\boldsymbol{t}$的方向余弦.

对于平面情形是

$$\int_{\overset{\frown}{AB}} P\,dx + Q\,dy + R\,dz = \int_{\overset{\frown}{AB}} (P\cos\alpha + Q\cos\beta)\,d\sigma$$

(2) 第 Ⅰ,Ⅱ 型曲面积分关系

$$\iint_{\Sigma} P\,dydz + Q\,dxdz + R\,dxdy = \iint_{\Sigma} (P\cos\alpha + Q\cos\beta + R\cos\gamma)\,d\sigma$$

这里$(\cos\alpha,\cos\beta,\cos\gamma)$是$\Sigma$上$(x,y,z)$处法线矢量$\boldsymbol{n}$的方向余弦.

(3) 第 Ⅱ 型曲线积分与曲面积分关系 —— 斯托克斯(Stokes)公式

$$\oint_{c} P\,dx + Q\,dy + R\,dz = \iint_{\Sigma} \begin{vmatrix} dydz & dxdz & dxdy \\ \dfrac{\partial}{\partial x} & \dfrac{\partial}{\partial y} & \dfrac{\partial}{\partial z} \\ P & Q & R \end{vmatrix}$$

特例:$z = 0$,得格林(Green)公式

$$\oint_{c} P\,dx + Q\,dy = \iint_{D} \left(\frac{\partial Q}{\partial x} - \frac{\partial P}{\partial y}\right) dxdy$$

对于斯托克斯公式,上面是用“形式行列式”记号给出的,即

$$\oint_{c} P(x,y,z)\,dx + Q(x,y,z)\,dy + R(x,y,z)\,dz$$

$$= \iint_{\Sigma} \begin{vmatrix} dydz & dzdx & dxdy \\ \dfrac{\partial}{\partial x} & \dfrac{\partial}{\partial y} & \dfrac{\partial}{\partial z} \\ P & Q & R \end{vmatrix} = \iint_{\Sigma} \begin{vmatrix} \cos\alpha & \cos\beta & \cos\gamma \\ \dfrac{\partial}{\partial x} & \dfrac{\partial}{\partial y} & \dfrac{\partial}{\partial z} \\ P & Q & R \end{vmatrix} d\sigma$$

这里$(\cos\alpha,\cos\beta,\cos\gamma)$为$S$上的点$(x,y,z)$处法矢量的方向余弦.

(4) 第 Ⅱ 型曲面积分与三重积分关系 —— 奥-高公式

$$\oiint_{\Sigma外} P\,dydz + Q\,dxdz + R\,dxdy = \iiint_{\Omega} \left(\frac{\partial P}{\partial x} + \frac{\partial Q}{\partial y} + \frac{\partial R}{\partial z}\right) dxdydz$$

注 1　格林公式中,$P = -y$,$Q = x$,可算得区域D的面积

$$\sigma\iint_D \mathrm{d}x\mathrm{d}y = \frac{1}{2}\oint_{c^+} x\mathrm{d}y - y\mathrm{d}x$$

注 2　在奥-高公式中，$P = x, Q = y, R = z$，可得 Ω 的体积

$$V = \iiint_\Omega \mathrm{d}x\mathrm{d}y\mathrm{d}z = \frac{1}{3}\oint_{\Sigma外} x\mathrm{d}y\mathrm{d}z + y\mathrm{d}x\mathrm{d}z + z\mathrm{d}x\mathrm{d}y$$

(5) 各型积分间关系(→ 表示转化)

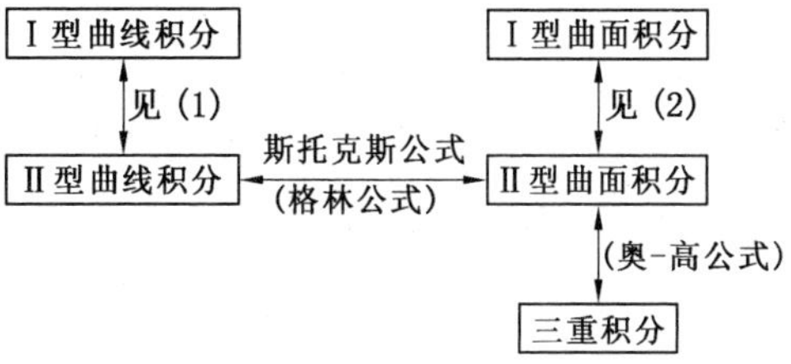

(6) 各型积分的计算(→ 表示化为)

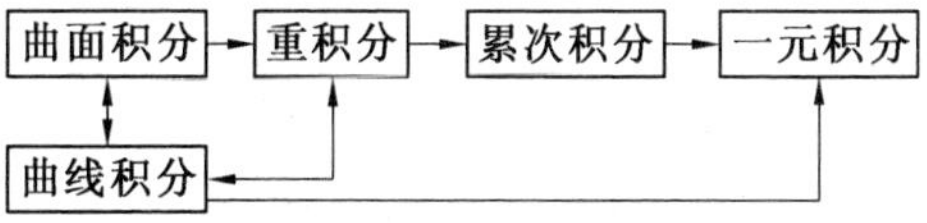

(7) 三个公式的关系

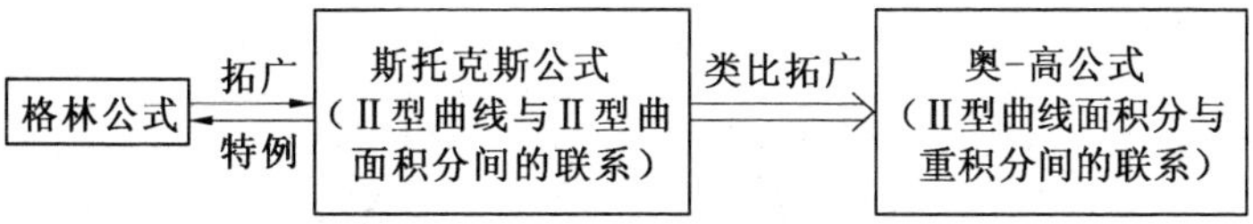

(8) 线积分与路径无关的条件 —— 等价命题

平面区域	空间(单连通)区域
① $\frac{\partial P}{\partial y} = \frac{\partial Q}{\partial x}$; $(x, y) \in D$	① $\frac{\partial P}{\partial y} = \frac{\partial Q}{\partial x}, \frac{\partial Q}{\partial z} = \frac{\partial R}{\partial y}, \frac{\partial R}{\partial x} = \frac{\partial P}{\partial z}$; $(x, y, z) \in \Omega$
② $\oint_c P\mathrm{d}x + Q\mathrm{d}y = 0$	② $\oint_c P\mathrm{d}x + Q\mathrm{d}y + R\mathrm{d}z = 0$
③ $\int_A^B P\mathrm{d}x + Q\mathrm{d}y$ 与路径 $\overset{\frown}{AB}$ 无关	③ $\int_A^B P\mathrm{d}x + Q\mathrm{d}y + R\mathrm{d}z$ 与路径 $\overset{\frown}{AB}$ 无关
④ 若有 u 使 $\mathrm{d}u = P\mathrm{d}x + Q\mathrm{d}y$，则 $u(x, y) = \int_{(x_0, y_0)}^{(x, y)} P\mathrm{d}x + Q\mathrm{d}y$ $= \int_{x_0}^{x} P(x, y_0)\mathrm{d}x + \int_{y_0}^{y} Q(x, y)\mathrm{d}y$ $= \int_{y_0}^{y} Q(x_0, y)\mathrm{d}y + \int_{x_0}^{x} P(x, y)\mathrm{d}x$ 为 $P\mathrm{d}x + Q\mathrm{d}y$ 的原函数	④ 若有 $u(x, y, z)$ 使 $\mathrm{d}u = P\mathrm{d}x + Q\mathrm{d}y + R\mathrm{d}z$，则 $u(x, y, z) = \int_{(x_0, y_0, z_0)}^{(x, y, z)} P\mathrm{d}x + Q\mathrm{d}y + R\mathrm{d}z$ $= \int_{x_0}^{x} P(x, y_0, z_0)\mathrm{d}x + \int_{y_0}^{y} Q(x, y, z_0)\mathrm{d}y + \int_{z_0}^{z} R(x, y, z)\mathrm{d}z$ 为 $P\mathrm{d}x + Q\mathrm{d}y + R\mathrm{d}z$ 的原函数

4. 曲面积分与曲面形状无关的条件

Ⅱ 型曲面积分 3 个等价命题：

① $\frac{\partial P}{\partial x} + \frac{\partial Q}{\partial y} + \frac{\partial R}{\partial z} = 0$; $(x, y, z) \in \Omega$.

② $\oiint\limits_{\Sigma_{外}} P\mathrm{d}y\mathrm{d}z + Q\mathrm{d}x\mathrm{d}z + R\mathrm{d}x\mathrm{d}y = 0$，$\Sigma$ 为 Ω 内过 C 的任意封闭曲面.

③ $\iint\limits_{\Sigma} P\mathrm{d}y\mathrm{d}z + Q\mathrm{d}x\mathrm{d}z + R\mathrm{d}x\mathrm{d}y$ 与所沿曲面 Σ 的形状无关(即只与 Σ 的边界曲线 C 有关)，其中 Σ 为 Ω 内过 C 的任意曲面.

5. 场论初步 —— 梯度、散度、旋变

梯度 函数 $u = f(x,y,z)$ 在 $M(x,y,z)$ 处梯度为(也可记为 ∇f)

$$\mathrm{grad}\ u = \nabla f = \{f'_x, f'_y, f'_z\}$$

散度 矢量场 $\boldsymbol{A}$ 在点 $M(x,y,z)$ 处散度(若 $\boldsymbol{A} = P\boldsymbol{i} + Q\boldsymbol{j} + R\boldsymbol{k}$)

$$\mathrm{div}\ \boldsymbol{A} = \frac{\partial P}{\partial x} + \frac{\partial Q}{\partial y} + \frac{\partial R}{\partial z}$$

旋度 矢量场 $\boldsymbol{A}$ 的旋度(形式记号)

$$\mathrm{rot}\ \boldsymbol{A} = \begin{vmatrix} \boldsymbol{i} & \boldsymbol{j} & \boldsymbol{k} \\ \frac{\partial}{\partial x} & \frac{\partial}{\partial y} & \frac{\partial}{\partial z} \\ P & Q & R \end{vmatrix}$$

梯度、旋度是矢(向)量，散度是标量.

七、无穷级数

(一)数项级数

1. 一般概念

定义 $a_1 + a_2 + \cdots + a_k + \cdots = \sum\limits_{k=1}^{\infty} a_k$ 称为**无穷级数**. a_k 称为**通项**. $S_n = \sum\limits_{k=1}^{n} a_k$ 称为**部分和**.

若 $\lim\limits_{n\to\infty} S_n = S$ 存在，称级数**收敛**，且记成 $S = \sum\limits_{k=1}^{\infty} a_k$；否则称级数**发散**.

又若 $\sum |a_n|$ 收敛，则称级数 $\sum a_n$ **绝对收敛**；而 $\sum a_n$ 收敛，但 $\sum |a_n|$ 发散，则称级数 $\sum a_n$ **条件收敛**.

2. 基本性质

① 级数 $\sum a_n$ 与 $\sum ka_n$(k 是常数)有相同的敛散性，且若 $\sum a_n = S$，则 $\sum ka_n = kS$.

② 若 $\sum a_n = a$，$\sum b_n = b$(即它们收敛)，则 $\sum (a_n \pm b_n) = \sum a_n \pm \sum b_n = a \pm b$；若 $\sum a_n$，$\sum b_n$ 之一发散(另一收敛)，则 $\sum (a_n \pm b_n)$ 发散；若 $\sum a_n$，$\sum b_n$ 皆发散，则 $\sum (a_n \pm b_n)$ 敛散不定.

③加减有限项不改变其敛散性(若级数收敛，其和有变化).

④收敛级数不改变顺序的任意结合(添加括号)后，所得级数收敛，且有同一和数；反之任意结合后的级数发散，原级数发散；任意结合的级数收敛，原级数敛散不定.

3. 级数收敛的判别

必要条件 $\lim\limits_{n\to\infty} a_n = 0$(即 $\lim\limits_{n\to\infty} a_n \neq 0$，则 $\sum a_n$ 发散).

充要条件(柯西准则) 任给 $\varepsilon > 0$，存在 N，使当 $n > N$ 时及任意正整数 m 均有 $|S_{n+m} - S_n| < \varepsilon$.

充分条件(级数收敛的判定)

级数收敛的充分条件，即级数收敛的判定条件，我们区分正项级数和任意级数进行讨论，详见如下：(其中"⇒"表示"可以推出"之意).

正项级数

- **比较法**　若 $a_n \leqslant b_n$，则 $\begin{cases} \sum b_n \text{ 收敛} \Rightarrow \sum a_n \text{ 收敛}; \sum a_n \text{ 发散} \Rightarrow \sum b_n \text{ 发散}. \\ \text{常用的比较级数有:几何级数、调和级数和 } p\text{-级数.} \end{cases}$
- **比值法**(达朗贝尔(J. d'Alembert)判别法)　$\lim\limits_{n\to\infty} \dfrac{a_{n+1}}{a_n} = \rho \begin{cases} <1, \sum a_n \text{ 收敛} \\ >1, \sum a_n \text{ 发散}. \\ =1, \sum a_n \text{ 待定} \end{cases}$
- **高斯判别法**

  $\dfrac{a_n}{a_{n+1}} = \lambda + \dfrac{\mu}{n} + \dfrac{\theta_n}{n^2} \begin{cases} \lambda>1 \text{ 或 } \lambda=1, \mu>1, \text{级数收敛} \\ \lambda<1 \text{ 或 } \lambda=1, \mu\leqslant 1, \text{级数发散} \end{cases}$

  (λ, μ 为常数，θ_n 为有界变量)
- **根值法**　$\overline{\lim\limits_{n\to\infty}} \sqrt[n]{a_n} = \rho \begin{cases} <1, \sum a_n \text{ 收敛} \\ >1, \sum a_n \text{ 发散} \\ =1, \sum a_n \text{ 待定} \end{cases}$
- **积分法**(柯西准则，这里 $f(n)=a_n$)　$\int_1^{\infty} f(x)\mathrm{d}x \begin{cases} \text{存在} \Rightarrow \sum a_n \text{ 收敛} \\ \text{不存在} \Rightarrow \sum a_n \text{ 发散} \end{cases}$.
- **其他方法**

任意项级数

- **交错级数**(莱布尼兹判别法)　$\sum(-1)^n a_n, a_n>0$，则当 $a_n > a_{n+1}$，且 $\lim\limits_{n\to\infty} a_n = 0$ 时，级数收敛.
- **任意级数**　若 $\sum |a_n|$ 收敛，则 $\sum a_n$ 亦收敛.

注　几何级数、调和级数和 p-级数敛散判别表

几何级数 $\sum\limits_{k=0}^{\infty} ar^k$	$\lvert r\rvert<1$	收敛 $\left(\text{和为} \dfrac{a}{1-r}\right)$
	$\lvert r\rvert \geqslant 1$	发散
调和级数 $\sum\limits_{k=0}^{\infty} \dfrac{1}{k}$		发散
p-级数 $\sum\limits_{k=0}^{\infty} \dfrac{1}{k^p}$	$p>1$	收敛
($p>0$ 常数)	$p\leqslant 1$	发散

4. 数项级数敛散的判定程序

对于数项级数的敛散判定，一般可依据下面程序框图进行，当然具体情况还要具体分析.

数项级数敛散判别程序

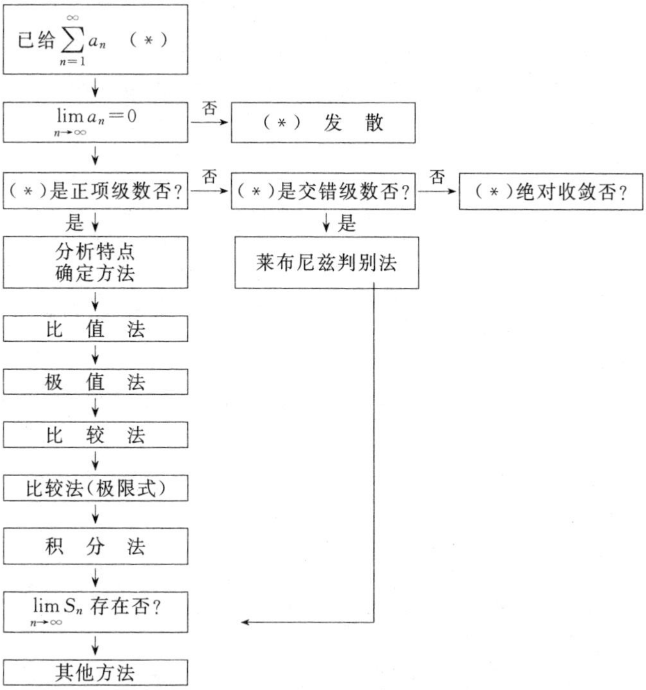

(二)函数项级数

1. 定义

设 $u_k(x)$是定义在$[a,b]$上的函数($k=1,2,3,\cdots$)，则 $\sum_{k=1}^{\infty} u_k(x)$ 称为**函数项级数**. 其和记为 $S(x)$，称之为和函数.

若 $S(x) = \sum_{k=1}^{\infty} u_k(x)$ 为和函数，又 $S_n(x) = \sum_{k=1}^{n} u_k(x)$，则 $r_n(x)=S(x)-S_n(x)$称为**余和**.

2. 一致收敛*

定义　若余和 $|r_n(x)|<\varepsilon$ 对 $n>N$ 时，$x\in[a,b]$ 一致成立，称 $\sum u_n(x)$ 在$[a,b]$ 上**一致收敛**.

判别法　对于 $\sum u_n(x)$ 与 $\sum m_n(m_n>0)$，若对 $x\in[a,b]$ 总有 $|u_n(x)|<m_n$，又 $\sum m_n$ 收敛，则 $\sum u_n(x)$ 在$[a,b]$ 上一致收敛(M-**判别法**).

性质　函数项级数一致收敛有以下性质：

① 若 $\sum u_n(x)$ 的每项均在$[a,b]$ 上连续，且 $\sum u_n(x)$ 一致收敛，则：

和函数 $S(x) = \sum u_n(x)$ 也在$[a,b]$ 上连续；

对于任何$[x_1,x_2]\subset[a,b]$ 恒有

$$\int_{x_1}^{x_2} S(x)\mathrm{d}x=\sum\int_{x_1}^{x_2} u_n(x)\mathrm{d}x \quad \text{(可逐项积分)}$$

② 若 $\sum u_n(x)$ 在 $[a,b]$ 上收敛于 $S(x)$，且 $u'_n(x)$ 均在 $[a,b]$ 上连续，又 $\sum u'_n(x)$ 在$[a,b]$ 上一致收敛，则 $S'(x) = \sum u'_n(x)$.(可逐项微分)

(三)级数求和方法

级数通常分函数项级数和数项级数，它们的求和方法很多，然而人们较常见到的无穷级数求和问题多为幂级数和数项级数求和，因此这儿给出的方法多是对上述两类级数有效. 这些方法大体上有下面几种：

①利用无穷级数的和的定义；

②利用已知(常见)函数的展开式；

③利用通项变形；

④逐项微分法；

⑤逐项积分法；

⑥逐项微分、积分；

⑦通过函数展开(包括展成幂级数和傅里叶(Fourier)级数)法；

⑧利用定积分的性质；

⑨化为微分方程解；

⑩利用无穷级数的乘积；

⑪利用欧拉公式 $e^{i\theta}=\cos\theta+i\sin\theta$.

(四)两类重要的函数级数

1. 幂级数

幂级数

- **定义** 级数 $\sum_{n=1}^{\infty} a_n x^n$ 叫幂级数.
- **性质**
  - **一般性质** 函数级数性质均适用;
  - **收敛域** $(-R,R)$,其中 $R=\lim_{n\to\infty}\left|\frac{a_n}{a_{n+1}}\right|$ 或者 $R=\overline{\lim_{n\to\infty}}\frac{1}{\sqrt[n]{|a_n|}}$,端点处待定;
  - 若 $\sum a_n x^n$ 收敛半径为 R,又 $\sum a_n R^n$ 收敛,则 $\sum a_n(-R)^n$ 亦收敛;$\sum a_n x^n$ 在收敛域内绝对收敛.
  - **解析性** 在收敛区间内和函数 $S(x)$ 连续,可逐项微分、逐项积分.
- **展开法**
  - **直接法** 泰勒展开条件:$f^{(n)}(x_0)$ 存在,且 $\lim_{n\to\infty} r_n(x)=0$.
  - (泰勒展开) (若 $f(x)$ 能用幂级数表示,则其为泰勒级数)
  - **间接法** 运用代数运算、恒等变形,幂级数的性质以及 $\frac{1}{1-x}$, $\ln(1+x)$, e^x, $\sin x$ 等函数的幂级数展开.
- **应用** 近似计算;表示函数;解微分方程.

级数求和方法框图

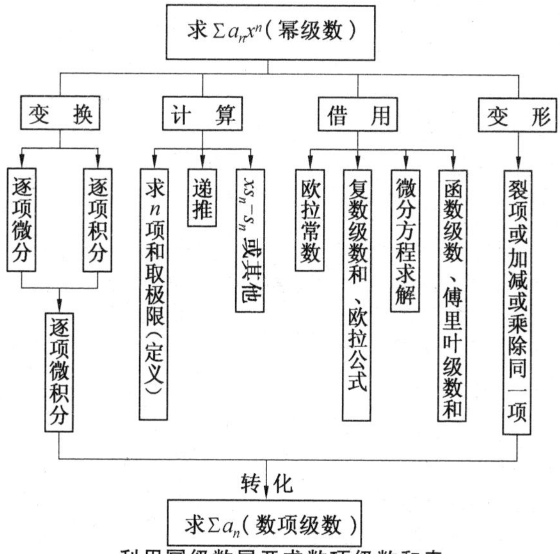

利用幂级数展开求数项级数和表

被展函数	展开内容	级数求和
$\ln x$	$x-1$	$\sum_{n=1}^{\infty}\frac{(-1)^{n+1}}{n}=\ln 2$
$\arcsin x$	x	$1+\sum_{n=0}^{\infty}\frac{1}{2n+1}\cdot\frac{(2n-1)!!}{(2n)!!}=\frac{\pi}{2}$
$\arccos x$	x	同上
$\arctan x$	x	$\sum_{n=0}^{\infty}\frac{1}{(4n+1)(4n+3)}=\frac{\pi}{8}$
$\frac{1}{\sqrt{1+x}}$	x	$1+\sum_{n=1}^{\infty}(-1)^n\frac{(2n-1)!!}{(2n)!!}=\frac{1}{\sqrt{2}}$

续表

被展函数	展开内容	级数求和
$\frac{1}{1-x}$	x 且逐项积分	$\sum_{n=1}^{\infty}\frac{1}{n\cdot 3^n}=\ln\frac{3}{2}$
$\frac{1}{1+x}$	x 且逐项微分两次	$\sum_{n=1}^{\infty}(-1)^n\frac{n(n+1)}{2^n}=-\frac{8}{27}$
$\frac{1}{1-x^2}$	x 且逐项积分两次	$\sum_{n=1}^{\infty}\frac{1}{2n(2n-1)}=\ln 2$
$\frac{1}{1+x^2}$	x 且逐项微分	$\sum_{n=1}^{\infty}\frac{(-1)^{n+1}}{2n-1}=\frac{\pi}{4}$
$\frac{1}{1-x^2}$	x 且逐项微分	$\sum_{n=1}^{\infty}\frac{2n-1}{2^n}=3$
$\frac{1}{(1-x)^2}$	x 且逐项积分	$\sum_{n=1}^{\infty}(-1)^{n-1}\frac{n^2}{2^{n-1}}=\frac{4}{27}$
$\frac{1}{1+x^3}$	x 且逐项积分	$\sum_{n=0}^{\infty}\frac{(-1)^n}{3n+1}=\frac{1}{2}\ln 2+\frac{\pi}{3\sqrt{3}}$
$\frac{e^x-1}{x}$	x 且逐项微分	$\sum_{n=1}^{\infty}\frac{n}{(n+1)!}=1$
x^2 或 $\|x\|$	正弦函数	$\sum_{n=1}^{\infty}\frac{1}{n^2}=\frac{\pi^2}{6}$
同上	余弦函数	$\sum_{n=1}^{\infty}\frac{(-1)^{n+1}}{n^2}=\frac{\pi^2}{12}$
同上	傅里叶级数	$\sum_{n=1}^{\infty}\frac{1}{(2n-1)^2}=\frac{\pi^2}{8}$
x^2	傅里叶级数	$\sum_{n=1}^{\infty}\frac{(-1)^{n+1}}{(2n-1)^3}=\frac{\pi^2}{32}$
x^2	余弦函数	$\sum_{n=1}^{\infty}\frac{1}{n^4}=\frac{\pi^4}{90}$，$\sum_{n=1}^{\infty}\frac{1}{(2n)^4}=\frac{1}{2^4}\cdot\frac{\pi^4}{90}$，$\sum_{n=1}^{\infty}\frac{1}{(2n-1)^4}=\frac{\pi^4}{96}$， $\sum_{n=1}^{\infty}\frac{(-1)^{n+1}}{n^4}=\frac{7\pi^4}{720}$
$\operatorname{sgn} x=\begin{cases}-1, x<0\\0, x=0\\1, x>0\end{cases}$	傅里叶级数	$\sum_{n=1}^{\infty}\frac{1}{(2n-1)^2}=\frac{\pi^2}{8}$，$\sum_{n=1}^{\infty}\frac{(-1)^{n-1}}{n=1}\frac{(-1)^{n-1}}{2n-1}=\frac{\pi}{4}$
e^x	傅里叶级数	$\frac{1}{2}+\sum_{n=1}^{\infty}\frac{1}{1+n^2}=\frac{\pi}{2}\operatorname{cth}\pi$

函数的幂级数展开步骤

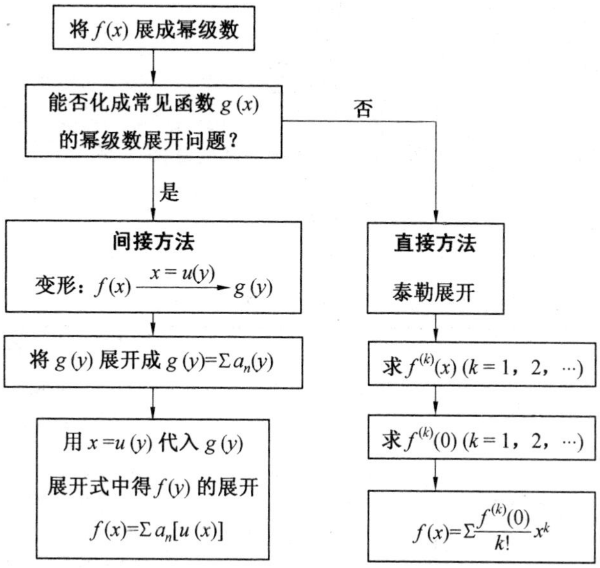

2. 傅里叶级数

傅里叶级数定义、性质、应用等如下：

傅里叶级数

- **定义**　$f(x)\sim\dfrac{a_0}{2}+\sum\limits_{n=1}^{\infty}(a_n\cos nx+b_n\sin nx)$ 叫傅里叶级数(简称傅氏级数)
- **性质**　式右 $=\begin{cases} f(x), & \text{当 } x \text{ 为连续点} \\ \dfrac{1}{2}[f(x+0)+f(x-0)], & \text{当 } x \text{ 为间断点} \\ \dfrac{1}{2}[f(-\pi+0)+f(\pi-0)], & x=\pm\pi \end{cases}$
- **系数**　在 $[-\pi,\pi]$ 上 $\begin{cases} a_n=\dfrac{1}{\pi}\displaystyle\int_{-\pi}^{\pi}f(x)\cos nx\,dx\ (n=0,1,2,\cdots) \\ b_n=\dfrac{1}{\pi}\displaystyle\int_{-\pi}^{\pi}f(x)\sin nx\,dx\ (n=1,2,3,\cdots) \end{cases}$

  在 $[-l,l]$ 上 $\begin{cases} a_n=\dfrac{1}{l}\displaystyle\int_{-l}^{l}f(x)\cos\dfrac{n\pi x}{l}dx\ (n=0,1,2,\cdots) \\ b_n=\dfrac{1}{l}\displaystyle\int_{-l}^{l}f(x)\sin\dfrac{n\pi x}{l}dx\ (n=1,2,3,\cdots) \end{cases}$

  从而 $f(x)\sim\dfrac{a_0}{2}+\sum\limits_{n=1}^{\infty}\left(a_n\cos\dfrac{n\pi x}{l}+b_n\sin\dfrac{n\pi x}{l}\right)$
- **应用**　求某些三角级数值等

注 1　非对称区间上的傅里叶级数展开

$f(x)$定义域	按狄利克雷(P. G. L. Dirichlet)条件开拓	傅里叶级数展开式
$[0,l]$	偶式开拓：令 $F(x)=\begin{cases} f(-x), & -l\leqslant x\leqslant 0 \\ f(x), & 0<x\leqslant l \end{cases}$.	$\dfrac{a_0}{2}+\sum\limits_{n=1}^{\infty}a_n\cos\dfrac{n\pi x}{l}$
	奇式开拓：令 $F(x)=\begin{cases} -f(-x), & -l\leqslant x\leqslant 0 \\ f(x), & 0<x\leqslant l \end{cases}$.	$\sum\limits_{n=1}^{\infty}b_n\sin\dfrac{n\pi x}{l}$

注2 $f(x)$ **的复数形式的傅里叶展开**

设 $f(x)$ 是满足狄利克雷条件的以 T 为周期的函数，则

$$f(x)=\sum_{-\infty}^{+\infty}c_n e^{in\omega x}$$

其中 $c_n=\dfrac{1}{T}\displaystyle\int_{-\frac{T}{2}}^{\frac{T}{2}}f(x)e^{-in\omega x}\,dx$，$\omega=\dfrac{2\pi}{T}$. 又 $|c_n|$ 常称为振幅频谱.

这只需注意到**欧拉公式** $e^{i\theta}=\cos\theta+i\sin\theta$ 即可.

3. 两类级数的比较

下表给出幂级数及傅里叶级数性质、展开方法及应用等的比较.

	幂级数	傅里叶级数
被展函数	只有解析函数[①]才能展开为幂级数(且只有在其解析区间上才能展开)	相当广泛的函数均可在对称区间上展开为傅里叶级数，否则可作奇延拓或偶延拓
性　质	幂级数在其收敛域内有解析性质	傅里叶级数收敛问题较复杂
展开方法	直接方法(泰勒展开)；间接方法(将函数变形……)	计算傅里叶系数(用公式)
用　途	用来作近似计算、解微分方程、求函数值等	计算某些级数和以及某些积分值

注 所谓解析函数是指可以在一个区域上用幂级数表示的函数. 在实函数中，判断函数的解析性，可通过检验它的泰勒公式的余项是否收敛于零来决定. 对于复变函数来讲，若能验证它在某一区域内点点可微，则它在该区域内解析(即可微函数必是解析函数).

函数傅里叶级数展开步骤框图

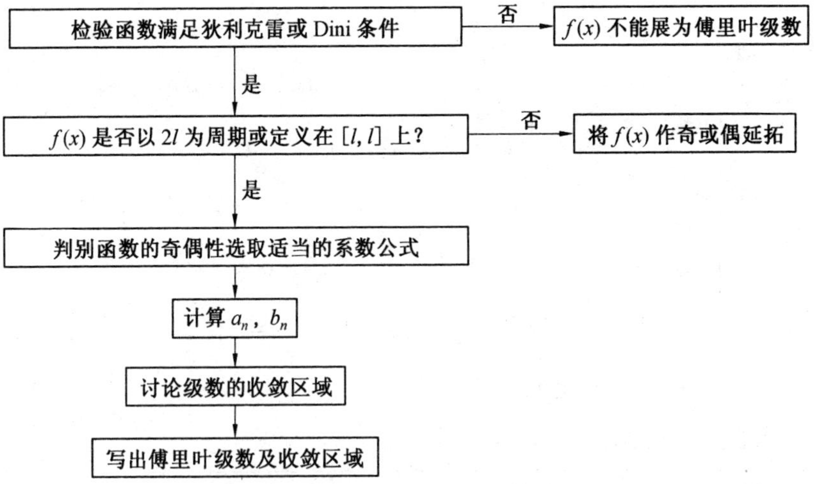

① 所谓**解析函数**是指可以在一个区域上用幂级数表示的函数. 在实函数中，判断函数的解析性，可通过检验它的泰勒公式的余项是否收敛于零来决定. 对于复变函数来讲，若能验证它在某一区域内点点可微，则它在该区域内解析(即可微函数必是解析函数).

八、微分方程

(一)基本概念

1. 微分方程

微分方程　表示函数与导数及自变量间的方程称为**微分方程**.

只含有一个变量的微分方程叫作**常微分方程**.常微分方程的一般形式是

$$F(x,y,y',y'',\cdots,y^{(n)})=0$$

所含最高导数的阶数称为方程的**阶**.

解　代入微分方程使两端成为恒等式的函数.

通解　n 阶微分方程含有 n 个常数(即 n 为方程的阶)的解.

初始条件　确定 n 阶微分方程解中 n 个常数的条件:给定 $y(x_0)=y_0,y_0',\cdots,y_0^{(n)}$.

特解　满足初始条件(或不含常数)的解.

奇解　不能由初始条件而从通解中得到的解.

2. 解的存在唯一定理

定理　若 $f(x,y)$ 及 $\dfrac{\partial f}{\partial y}$ 在 (x_0,y_0) 的邻域 R:$|x-x_0|<\delta,|y-y_0|<\delta$ 内每一点连续,则在 R 内存在 $y'=f(x,y)$ 经过点 (x_0,y_0) 的一个解,并且仅有一个解.

(二) 各类方程解法

1. 一阶微分方程

关于各类一阶微分方程的解如下:

方程类型	求解方法
直接积分类型	$y'=f(x)$,则 $\begin{cases} y=\int f(x)\mathrm{d}x \text{(不带初始条件)} \\ y=\int_{x_0}^{x} f(x)\mathrm{d}x+y_0\text{(带初始条件)} \end{cases}$
可分离变量	$y'=N(x)M(y)$,则 $\dfrac{\mathrm{d}y}{M(y)}=\int N(x)\mathrm{d}x$
	$N_1(x)M_1(y)\mathrm{d}x+N_2(x)M_2(y)\mathrm{d}y=0$,则 $\int\dfrac{M_2(y)}{M_1(y_1)}\mathrm{d}y=-\int\dfrac{N_1(x)}{N_2(x)}\mathrm{d}x$
齐次方程	$\left.\begin{array}{l} y'=f\left(\dfrac{y}{x}\right),\text{令 } u=\dfrac{y}{x} \\ \left(y'=\varphi\left(\dfrac{x}{y}\right),\text{令 } u=\dfrac{x}{y}\right) \end{array}\right\}\Rightarrow \begin{array}{c} u+u'x=f(u) \\ \text{(可分离变量型)} \end{array}$ 有 $\ln x=\int\dfrac{\mathrm{d}\mu}{f(\mu)-\mu}+C$

方程类型	求解方法
线性方程	齐次方程 $y'+Py=0$ $\begin{cases}\text{分离变量法(当 } P=P(x)\text{ 时)}\\ \text{特征根法(当 } P \text{ 是常数时)}\end{cases}$
	非齐次方程 $y'+Py=Q(x)$ $\begin{cases}\text{常数变易法(当 } P=P(x)\text{ 时)}\\ \text{待定系数法(当 } P=\alpha\text{ 时)}\end{cases}$ $\Rightarrow y=\left(\int Q e^{\int P dx}dx+C\right)e^{-\int P dx}$
	伯努利方程 $y'+Py=Qy^n(n\neq 0,1)$，令 $z=y^{1-n}\Rightarrow z'+(1-n)Pz=(1-n)Q$(线性方程)
全微分方程(恰当方程)	当 $P(x,y)dx+Q(x,y)dy=0$，且 $\dfrac{\partial P}{\partial y}=\dfrac{\partial Q}{\partial x}$，又 $P(x,y)$，$Q(x,y)$ 在 (x_0,y_0) 均存在，则 $$\int_{x_0}^{x}P(x,y)dx+\int_{y_0}^{y}Q(x_0,y)dy=C$$ **注** 若 $\dfrac{\partial P}{\partial y}\neq\dfrac{\partial Q}{\partial x}$，将方程两边乘以 $\mu(x,y)$ 使方程变为 $$\mu(x,y)P(x,y)dx+\mu(x,y)Q(x,y)dy=0$$ 其中 $\mu(x,y)$ 满足 $\dfrac{\partial(\mu P)}{\partial y}=\dfrac{\partial(\mu Q)}{\partial x}$，且称之为**积分因子**. 此方法为积分因子法. 用此法应注意**增根**和**失根**
其他类型	可解出 y 的方程 $y=f(x,y')$，两边对 x 求导，且令 $p=y'$ 得 $$p=\frac{\partial f}{\partial x}+\frac{\partial f}{\partial p}\cdot\frac{dp}{dx}$$ 解得 $G(x,p,c)=0$ 再与 $y=f(x,y')$ 联立
	克莱洛(A. C. Clairaut)**方程** $y=px+\varphi(p)$，其中 $p=y'$
	$y'=F(ax+b)$，令 $ax+b=\mu$
	$y'=F\left(\dfrac{a_1x+b_1y+c_1}{a_2x+b_2y+c_2}\right)$，当 $\begin{vmatrix}a_1 & b_1\\ a_2 & b_2\end{vmatrix}\neq 0$ 时，令 $\begin{cases}x=X+h\\ y=Y+k\end{cases}$，可将上面微分方程化为齐次问题 $\left(\text{其中 } h,k \text{ 为} \begin{cases}a_1x+b_1y+c_1=0\\ a_2x+b_2y+c_2=0\end{cases}\text{的解}\right)$

附 1　一阶常系数微分方程 $y'+ay=f(x)$ 解法

通解：$y=Y+y^*$，其中 Y 为相应齐次方程的通解，y^* 为该方程的特解.

特解求法：

$f(x)$ 的形状	特解 y^*
e^{rx}(r 不是相应特征方程的根)	Ae^{rx}
$a_0x^n+a_1x^{n-1}+\cdots+a_{n-1}x+a_n$	$b_0x^n+b_1x^{n-1}+\cdots+b_{n-1}x+b_n$
$\sin\omega x$ 或 $\cos\omega x$	$A\sin\omega x+B\cos\omega x$
$a\sin\omega x+b\cos\omega x$	$A\sin\omega x+B\cos\omega x$
e^{ax}(a 相应是特征方程的根)	Axe^{ax}

附 2 恰当方程寻找积分因子表

对于方程 $P(x,y)\mathrm{d}x+Q(x,y)\mathrm{d}y=0$，且 $\frac{\partial Q}{\partial x}\neq\frac{\partial P}{\partial y}$，可按下表寻找积分因子 $\mu(x,y)$ 使 $\frac{\partial(\mu Q)}{\partial x}=\frac{\partial(\mu P)}{\partial y}$，从而使方程化为全微分方程

条 件	积分因子 $\mu(x,y)$
$xP\pm yQ=0$	$\mu=\frac{1}{xP\mp yQ}$
$xP+yQ\neq0$ P,Q 是同次齐式	$\mu=\frac{1}{xP+yQ}$
$xP+yQ\neq0, P(x,y)=yP_1(xy), Q(x,y)=xQ_1(xy)$	$\mu=\frac{1}{xP-yQ}$
$\frac{1}{Q}\left(\frac{\partial P}{\partial y}-\frac{\partial Q}{\partial x}\right)=f(x)$	$\mu=\mathrm{e}^{\int f(x)\mathrm{d}x}$
$\frac{1}{P}\left(\frac{\partial Q}{\partial x}-\frac{\partial P}{\partial y}\right)=f(y)$	$\mu=\mathrm{e}^{\int f(y)\mathrm{d}y}$
$\frac{\partial P}{\partial y}-\frac{\partial Q}{\partial x}=Pf_1(y)-Qf_2(x)$	形如 $m(x)n(y)$
存在适合下式的常数 m,n 使：$nxP-myQ+xy\left(\frac{\partial P}{\partial y}-\frac{\partial Q}{\partial x}\right)=0$	$\mu=x^m y^n$

某些简单、常用的全微分公式表

$\mathrm{d}x\pm\mathrm{d}y=\mathrm{d}(x\pm y)$	$\frac{y\mathrm{d}x-x\mathrm{d}y}{xy}=\mathrm{d}\left(\ln\frac{x}{y}\right)$
$x\mathrm{d}y+y\mathrm{d}x=\mathrm{d}(xy)$	$\frac{y\mathrm{d}x-x\mathrm{d}y}{x^2+y^2}=\mathrm{d}\left(\tan^{-1}\frac{x}{y}\right)$
$x\mathrm{d}x+y\mathrm{d}y=\frac{1}{2}\mathrm{d}(x^2+y^2)$	$\frac{x\mathrm{d}x+y\mathrm{d}y}{\sqrt{x^2+y^2}}=\mathrm{d}\sqrt{x^2+y^2}$
$\frac{y\mathrm{d}x-x\mathrm{d}y}{y^2}=\mathrm{d}\left(\frac{x}{y}\right)$	

进而可用曲线积分与题无关条件或用凑微分方法，求得微分方程解.

附 3 一阶常微分方程类型及关系表

一阶常微分方程的类型及关系如下：

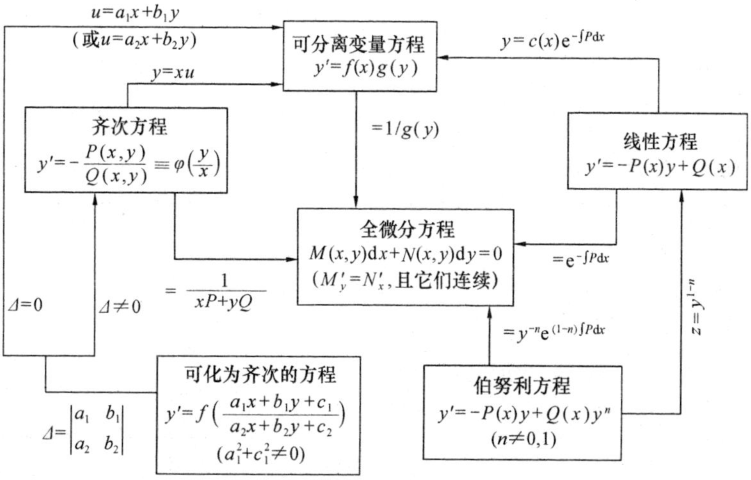

2. 高阶微分方程

二阶以上微分方程称为高阶微分方程，其类型大致有四类，具体解法如下：

方程类型	求解方程
可降阶方程	$y^{(n)}=f(x)$　通过 n 次积分求解 $y''=f(x,y')$（不含 y）　令 $y'=p$ $y''=f(y,y')$（不含 x）　令 $y'=P(y)$
线性方程 $y''+P_1(x)y'+P_0(x)y=f(x)$ 其中，$P_0(x)$，$P_1(x)$为 x 的多项式	解为 $y=\tilde{y}+y^*$，其中 $\tilde{y}$ 为 $f(x)=0$ 时方程的解，y^* 是方程特解. 特例：$y''+a_1y'+a_0y=0$（a_0，a_1 为常数）用特征方程法，即令 $y=e^{\lambda x}$方程化为 $y''+a_1y'+a_0y=f(x)$. 先求 $\tilde{y}$，再由 $f(x)=P_n(x)e^{\lambda x}$用**待定系数**求 y^*
常系数线性微分方程 $a_0y^{(n)}+a_1y^{(n-1)}+\cdots+a_{n-1}y'+a_ny=0$ 其中 $a_0\neq0$	找出其对应的特征方程，求出其根，由这些特征根的情况，再去找其相应的 n 个线性无关的特解 $y_i(x)$ $(i=1,2,\cdots,n)$，则通解 $y(x)=\sum\limits_{i=1}^{n}c_iy_i(x)$
欧拉方程 $x^ny^{(n)}+p_1x^{n-1}y^{(n-1)}+\cdots+p_{n-1}xy'+p_ny=f(x)$，这里 p_i 均为常数$(i=1,2,\cdots,n)$	令 $x=e^t$，得到 y 关于 t 的线性常系数微分方程

注　高阶微分方程可化为线性微分方程组. 然而通常逆向应用.

附 1　二阶常系数微分方程解法

①齐次型：$y''+ay'+by=0$.

由其相应的特征方程的判别式决定解，有下面三种情况：

相应特征方程		微分方程通解
判别式	两特征根	
$a^2-4b>0$	相异实根 λ_1,λ_2	$y=c_1e^{\lambda_1x}+c_2e^{\lambda_2x}$
$a^2-4b=0$	二重实根 λ_1	$y=(c_1+c_2x)e^{\lambda_1x}$
$a^2-4b<0$	一对共轭复根 $\alpha\pm i\beta$	$y=e^{\alpha x}(c_1\cos\beta x+c_2\sin\beta x)$

②非齐次型：$y''+ay'+by=f(x)$.

关于非齐次二阶常系数微分方程的特解形式如下：

$f(x)$形状	关　系	试探解 y^* 形式
$e^{rx}P_m(x)$	r 非特征根	$e^{rx}Q_m(x)$
	r 是特征根	$x^ke^{rx}Q_m(x)$，k 为根 r 的重数
$e^{\alpha x}[P_m(x)\cos\beta x+Q_n(x)\sin\beta x]$	$\alpha\pm i\beta$ 非特征根	$e^{\alpha x}[R_M(x)\cos\beta x+S_M(x)\sin\beta x]$
	$\alpha\pm i\beta$ 是特征根	$xe^{\alpha x}[R_M(x)\cos\beta x+S_M(x)\sin\beta x]$ 其中，R_M，S_M 的次数 $M=\max\{m,n\}$

二阶可降阶的微分方程，有其独特的解法，它依据方程类型会有不同方法处理，如下：

二阶可降阶微分方程解法

类型	特点	变换	降阶方程	特例
$y''=f(x,y')$	缺 y	$y'=p=p(x)$，$y''=p'$	$p'=f(x,p)$	$y''=f(x)$，$y''=f(y')$
$y''=f(y,y')$	缺 x	$y'=p=p[y(x)]$，$y''=p\dfrac{dp}{dy}$	$p\dfrac{dp}{dy}=f(x,p)$	$y''=f(y')$，$y''=f(y)$

n 阶常系数线性方程解法

①齐次

n 阶齐次常系数微分方程解的情况表

特征根情况	微分方程通解中相应的项
一个单实根 r	一项 c_1e^{rx}
一个 k 重实根 r	k 项 $(c_1+c_2x+\cdots+c_kx^{k-1})e^{rx}$
一对共轭复根 $\alpha\pm i\beta$	两项 $e^{\alpha x}(A\cos\beta x+B\sin\beta x)$
一对 k 重共轭复根 $\alpha\pm i\beta$	$2k$ 项 $e^{\alpha x}[(a_1+a_2x+\cdots+a_kx^{k-1})\cos\beta x+(b_1+b_2x+\cdots+b_kx^{k-1})\sin\beta x]$

②非齐次

通解$=Y+y^*=$对应的齐次方程通解+特解.

试探解 y^* 的形式取决于 $f(x)$，若 $r,\alpha+i\beta$ 非特征根，见上面；若 $r,\alpha+i\beta$ 为 k 重根，注意式子前面应乘以 x^k.

一般来讲，特解可由待定系数法、常数变易法求得.

又齐次方程的特解亦可用微分算子解法求得.

附 2 一般二阶线性微分方程 $y''+p(x)y'+Q(x)y=0$ 的解法

①齐次方程为 $y''+P(x)y'+Q(x)y=0$

观察法

据方程系数的特点，联系某些函数导数形状，观察(猜或估计)出特解.

降阶法

若已观察出某些方程的一个特解 $y_1(x)$，可用设 $y_2=y_1(x)u(x)$ 代入原方程得一个可降阶的关于 $u(x)$ 的二次方程，解之有

$$u(x)=\int\frac{1}{y_1^2(x)}e^{-\int p(x)dx}dx$$

故可求得与 $y_1(x)$ 线性无关的特解

$$y_2=y_1(x)u(x)=y_1(x)\int\frac{1}{y_1^2(x)}e^{-\int p(x)dx}dx$$

②非齐次 $y''+P(x)y'+Q(x)y=f(x)$

常数变易法

若 $c_1y_1+c_2y_2$ 是齐次方程 $y''+P(x)y'+Q(x)y=0$ 的通解，则可设

$$y^*=u(x)y_1+v(x)y_2$$

为非齐次方程 $y''+P(x)y'+Q(x)y=f(x)$ 的一个特解，$u(x),v(x)$ 为待定函数，且它们满足

$$\begin{cases} y_1 u'(x) + y_2 v'(x) = 0 \\ y_1' u'(x) + y_2' v'(x) = f(x) \end{cases}$$

解此方程组且积分得

$$\begin{cases} u(x) = -\int \dfrac{y_2 f(x)}{y_1 y_2' - y_1' y_2} \mathrm{d}x \\ v(x) = \int \dfrac{y_1 f(x)}{y_1 y_2' - y_1' y_2} \mathrm{d}x \end{cases}$$

附 3　欧拉公式

前文已给出，为方便使用，这里再次给出该公式

$$\mathrm{e}^{\pm i\theta} = \cos\theta \pm \mathrm{i}\sin\theta$$

3. 线性微分方程组

方程组类型	解　法
由一阶方程组成的方程组	一般化成高阶方程去解或用消元法解
由线性方程（高阶）组成的方程组	一般可用消元法解或用算子法解

4. 解题思路

(1)解题步骤

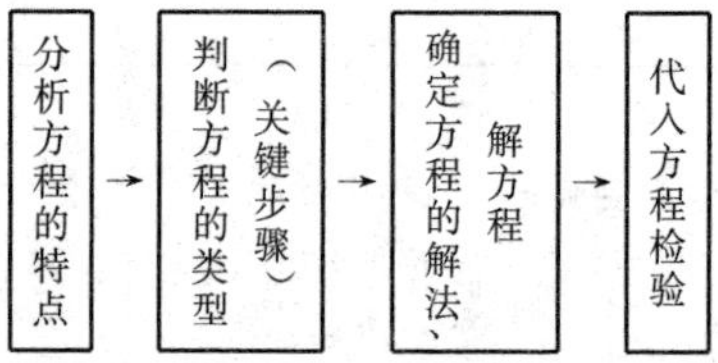

(2)各种解法间的关系

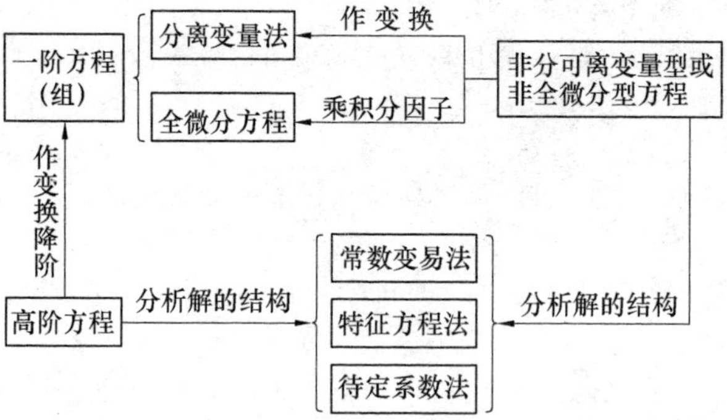

附：常系数线性微分方程的算（符）子解法*

微分算符（算子）通常是连续函数卷积的逆运算（理论基础卷含积定理和近世代数中的商体概念），由于它把函数概念包含在算符概念之内，因而算符可以像普通数那样简单自如地运算．其理论基础严谨，使用亦方便有效，关于这方面详细内容可见文献[6]．至于它的理论本书不拟详谈，这里仅介绍一些利用微分算子求常系数线性微分方程的特解的方法与例子，借以看到它的威力与方便．微分算子 D 与微分方程的关系如下

$$y^{(n)} + a_1 y^{(n-1)} + \cdots + a_n y = f(x) \qquad (*)$$

利用微分算子 D 可写作

$$L(D)y=f(x),\text{其中 } L(D)\equiv D^n+a_1D^{n-1}+\cdots+a_n$$

是微分算子 D 的多项式(线性算子),则

$$y=\frac{1}{L(D)}f(x)$$

其中$\frac{1}{L(D)}$称为 $L(D)$的逆算子,为方便计我们记之为 $L^{-1}(D)$.线性算子 $L(D)$及其逆算子有如下性质:

线性算子及其逆算子运算性质

1. $L^{-1}(D)[\alpha g_1(x)+\beta g_2(x)]=\alpha L^{-1}(D)g_1(x)+\beta L^{-1}(D)g_2(x)$
2. $L_1^{-1}(D)L_2^{-1}(D)g(x)=L_1^{-1}(D)[L_2^{-1}(D)g(x)]=L_2^{-1}(D)[L_1^{-1}(D)g(x)]$
3. $L^{-1}(D)[L(D)g(x)]=g(x)$

此外,具体逆算子及运算结果如下:

逆算子公式

逆算子式	结 果
$\frac{1}{D-\lambda}f(t)$	$e^{\lambda t}\int e^{-\lambda t}f(t)dt$
若 $L(D)\equiv D^sL_1(D)$,$L_1(0)\neq0$,$s\geqslant0$,又 $f(t)$是 m 次多项式 $\frac{1}{L(D)}f(t)\equiv\frac{1}{D^s}\ \frac{1}{L_1(D)}f(t)$ $=\frac{1}{D^s}(c_0+c_1D+\cdots)f(t)$	$\frac{1}{D^s}(c_0+c_1D+\cdots+c_mD^m)f(t)$括号内是$\frac{1}{L_1(D)}$展开式中前面的 m 次多项式
$\frac{1}{L(D)}e^{\lambda t}$	$\frac{e^{\lambda t}}{L(\lambda)}$,当 $L(\lambda)\neq0$ 时; $\frac{t^se^{\lambda t}}{L^{(s)}(\lambda)}$,当 λ 是 s 重特征根时
$\frac{1}{L(D)}e^{\lambda t}f(t)$	$e^{\lambda t}\frac{1}{L(D+\lambda)}f(t)$
若 $L(D)\equiv l(D^2)$,且 $l(-\beta^2)\neq0$ 则 $\frac{1}{L(D)}\begin{matrix}\cos\beta x\\ \sin\beta x\end{matrix}\equiv\frac{1}{l(D^2)}\begin{matrix}\cos\beta x\\ \sin\beta x\end{matrix}$	$\frac{1}{l(-\beta^2)}\begin{matrix}\cos\beta x\\ \sin\beta x\end{matrix}$
若 Re,Im 分别表示复数的实、虚部,又$L(D)$为实系数则 $\frac{1}{L(D)}\begin{matrix}\cos\beta x\\ \sin\beta x\end{matrix}\equiv\begin{matrix}\mathrm{Re}\\ \mathrm{Im}\end{matrix}\left[\frac{1}{L(D)}e^{i\beta t}\right]$	$\begin{matrix}\mathrm{Re}\\ \mathrm{Im}\end{matrix}\left[\frac{e^{i\beta t}}{L(i\beta)}\right]$,$L(i\beta)\neq0$ 时; $\begin{matrix}\mathrm{Re}\\ \mathrm{Im}\end{matrix}\left[\frac{t^se^{i\beta t}}{L^{(s)}(i\beta)}\right]$,$i\beta$ 是 s 重特征根时

[附1] 差分方程[①]

(一)差分

1. 差分

已知函数 $y_t=f(t)$，其自变量 t(通常表示时间)取离散的等间的整数值：$t=0,\pm1,\pm2,\pm3,\cdots$. 称

$$y_{t+1}-y_t=f(t+1)-f(t)$$

为函数 $y_t=f(t)$ 在 t 时刻的一阶差分记作 Δy_t，即

$$\Delta y_t=y_{t+1}-y_t=f(t+1)-f(t)$$

依此定义，有

$$\Delta y_{t+1}=y_{t+2}-y_{t+1}=f(t+2)-f(t+1)$$
$$\Delta y_{t+2}=y_{t+3}-y_{t+2}=f(t+3)-f(t+2)$$
$$\vdots$$

称一阶差分 Δy_t 的一阶差分为函数 $y_t=f(t)$ 时刻的二阶差分，记作 $\Delta^2 y_t$，即

$$\Delta^2 y_t=\Delta(\Delta y_t)=\Delta y_{t+1}-\Delta y_t=(y_{t+2}-y_{t+1})-(y_{t+1}-y_t)=y_{t+2}-2y_{t+1}+y_t$$

一般地，函数 $y_t=f(t)$ 在 t 时刻的 k 阶差分 $\Delta^k y_t$(k 为整数)定义为其 $k-1$ 阶差分的一阶差分，即

$$\Delta^k y_t=\Delta(\Delta^{k-1})y_t=\sum_{y=0}^{k}(-1)^j C_k^j y_{t+k-j},k=1,2,3,\cdots$$

2. 差分的性质

(1) C 为常数，$\Delta C\equiv 0$；

(2) $\Delta(y_t\pm z_t)=\Delta y_t\pm\Delta z_t$；

一般地有

$$\Delta(y_t^{(1)}+y_t^{(2)}+\cdots+y_t^{(n)})=\Delta y_t^{(1)}+\Delta y_t^{(2)}+\cdots+\Delta y_t^{(n)}$$

(3) $\Delta(y_t z_t)=z_{t+1}\Delta y_t+y_t\Delta z_t=z_t\Delta y_t+y_{t+1}\Delta z_t$.

特别地，当 $z_t\equiv C$(C 为常数)，有：

① $\Delta(Cy_t)=C\Delta y_t$；

② $\Delta(C_1y_t^{(1)}+C_2y_t^{(2)}+\cdots+C_ny_t^{(n)})=C_1\Delta y_t^{(1)}+C_2\Delta y_t^{(2)}+\cdots+C_n\Delta y_t^{(n)}$；

(4) $\Delta\left(\dfrac{y_t}{z_t}\right)=\dfrac{z_t\Delta y_t-y_t\Delta z_t}{z_t z_{t+1}}$.

(二)差分方程

1. 差分方程及差分方程的阶

含有自变量 t，未知函数 y_t 以及未知函数的差分 $\Delta y_t,\Delta^2 y_t,\cdots$ 的函数方程称为差分方程，差分方程中的未知函数 y_t 的差分的最高阶数，称为该差分方程的阶，若方程中的未知函数是多元函数(未知函数的差分为偏差分)，则称该方程为偏差分方程.

n 阶差分方程的一般形式为

$$F(t,y_t,\Delta y_t,\cdots,\Delta^n y_t)=0 \qquad (*)$$

其中，t 为自变量，y_t 为未知函数；或

$$F(t,y_t,y_{t+1},\cdots,y_{t+n})=0 \qquad (**)$$

① 此内容为经济类考生所要求，或属于经济类数学范畴.

2. 差分方程的解

如果函数 $y_t=\varphi(t)$满足(* *)

$$F(t,\varphi(t),\varphi(t+1),\cdots,\varphi(t+n))\equiv 0,t=0,1,2,\cdots$$

则称函数 $y_t=\varphi(t)$为方程(* *)的解.

若方程(* *)的解中含有 n(与方程的阶数相同)个相互独立的任意常数,即

$$y_t=\varphi(t,c_1,c_2,\cdots,c_n)$$

其中,$c_1,c_2,\cdots,c_n$ 为相互的任意常数,该解称为方程(* *)的通解.

在通解中,当任意常数 $c_1,c_2,\cdots,c_n$ 取为确定的值而得到的相应的解,称为方程(* *)的一个特解.

(三)线性差分方程

若式(* *)左端函数 F 为 $y_t,y_{t+1},\cdots,y_{t+n}$ 的线性函数,则称此方程的 n 阶线性(差分)方程,即

$$y_{t+n}+a_1(t)y_{t+n-1}+\cdots+a_{n-1}(t)y_{t+1}+a_n(t)y_t=f(t) \qquad (* * *)$$

其中,$a_1(t),\cdots,a_{n-1}(t),a_n(t)$和 $f(t)$均为自变量 t 的已知函数,且 $a_n(t)$不恒等于零.若 $f(t)$不恒为零,称方程(* * *)为 n 阶非齐次线性差分方程,简称非齐次线性差分方程;若 $f(t)\equiv 0$ 时,此时方程称为(* * *)的相应齐次方程.

1. 线性差分方程及其解的结构

如果 $y_1(t),y_2(t),\cdots,y_n(t)$是齐次线性差分方程(* * *)的 n 个线性无关解,则该差分方程的通解为

$$y(t)=c_1y_1(t)+c_2y_2(t)+\cdots+c_ny_n(t)$$

其中,$c_1,c_2,\cdots,c_n$ 为 n 个任意常数.

如果 $\tilde{y}(t)$是差分方程(* * *)的一个特解,$y_c(t)$是相应齐次差分方程的通解,则

$$y_t=\tilde{y}(t)+y_c(t)$$

即为差分方程(* * *)的通解.

2. 一阶常系数线性差分方程

差分方程 $y_{t+1}+ay_t=f(t)$,称为一阶常系数线性差分方程其中,$f(t)$为 t 的已知函数;a 为已知的非零常数,而其相应的齐次方程为 $y_{t+1}+ay_t=0$.

(1)一阶常系数齐次线性差分方程的通解

特征方程 $\lambda+a=0$,特征根 $\lambda=-a$,则齐次方程通解

$$y_t=C(-a)^t \quad t=0,1,2,\cdots$$

其中 $C=y_0$ 为任意常数.

(2)一阶常系数非齐次线性差分方程的通解

若 $\tilde{y}_t$ 为一阶常系数非齐次线性差分方程的特解,则非齐次差分方程的通解为

$$y_t=\tilde{y}_t+c(-a)^t \quad t=0,1,2,\cdots$$

其中

$$\tilde{y}_t=\begin{cases}Q_n(t)b, & \text{若 } b \text{ 不是特征根}\\ xQ_n(t)b, & \text{若 } b \text{ 是特征根}\end{cases}$$

且 $f(t)=p_n(t)b^t$,又 $Q_n(t)$为待定的 n 次多项式.

3. 二阶常系数线性差分方程

差分方程 $y_{t+2}+ay_{t+1}+by_t=f(t)$称为二阶常系数线性差分方程,其中 $f(t)$为 t 的已知函数,a,b 为已知常数,且 $b\neq 0$.其相应的齐次方程为

$$y_{t+2}+ay_{t+1}+by_t=0$$

(1)二阶常系数齐次线性差分方程的通解

差分方程 $y_{t+2}+ay_{t+1}+by_t=0$ 的通解

$\Delta=a^2-4b$	特征根 λ_1,λ_2	差分方程的通解
$\Delta>0$	$\lambda_{1,2}=\dfrac{-2\pm\sqrt{\Delta}}{2}$	$y_t=c_1\lambda_1^t+c_2\lambda_2^t$
$\Delta=0$	$\lambda_1=\lambda_2=-\dfrac{a}{2}$	$y_t=(c_1+c_2\lambda^t)\left(-\dfrac{a}{2}\right)^t$
$\Delta<0$	$\lambda_{1,2}=r(\cos\omega\pm i\sin\omega)$	$y_t=r^2(c_1\cos\omega t+c_2\sin\omega t)$

注意差分方程相应的特征方程为 $\lambda^2+a\lambda+b=0$.

(2)二阶常系数非齐次线性差分方程的通解

$Y_t=y_t+\tilde{y}(t)$,其中 $\tilde{y}(t)$ 为非齐次差分方程的特解,y_t 为相应齐次差分方程的通解.

差分方程 $y_{t+2}+ay_{t+1}+by_t=f(t)$ 的特解 $\tilde{y}(t)$ 的形式

$f(t)$的形式	特解 $\tilde{y}(t)$的形式	
c (c 为常数)	$\tilde{y}(t)=A$(1 不是特征根)	$A=\dfrac{c}{1+a+b}$
	$\tilde{y}(t)=At$(1 是单特征根)	$A=\dfrac{c}{a+2}$
	$\tilde{y}(t)=At^2$(1 是重特征根)	$A=\dfrac{c}{2}$
$P_m(t)$ ($P_m(t)$为 t 的 m 次多项式函数)	$\tilde{y}=Q_m(t)$(1 不是特征根)	$Q_m(t)=A_0+A_1t+\cdots+A_mt^m$ 其中,$A_0,A_1,\cdots,A_m$ 为待定常数
	$\tilde{y}=tQ_m(t)$(1 是单特征根)	
	$\tilde{y}=t^2Q_m(t)$(1 是重特征根)	
cq^t (c,q 为非零常数并且 $q\neq1$)	$\tilde{y}=Aq^t$(q 不是特征根)	$A=\dfrac{c}{q^2+aq+b}$
	$\tilde{y}=Aq^t$(q 是单特征根)	$A=\dfrac{c}{q(2q+a)}$
	$\tilde{y}=At^2q^t$(q 是重特征根)	$A=\dfrac{c}{2q^2}$
$c_1\cos\omega t+c_2\sin\omega t$($\omega,c_1,c_2$ 是实常数,且 $\omega\neq0$,又 c_1,c_2 不同时为零)	$\tilde{y}=\dfrac{D_1}{D}\cos\omega t+\dfrac{D_2}{D}\sin\omega t$($\cos\omega\pm i\sin\omega$ 不是特征根)	
	$\tilde{y}=t\left(\dfrac{\overline{D_1}}{\overline{D}}\cos\omega t+\dfrac{\overline{D_2}}{\overline{D}}\sin\omega t\right)$($\cos\omega\pm i\sin\omega$ 是特征根且 $b\neq1$)	
	$\tilde{y}=t^2(\overline{A_1}\cos\omega t+\overline{A_2}\sin\omega t)$($\cos\omega\pm i\sin\omega$ 是特征根且 $b=1$)	

注意:上面表中

①$D=\begin{vmatrix}\cos2\omega+a\cos\omega+b & \sin2\omega+a\sin\omega\\ -\sin2\omega-a\sin\omega & \cos2\omega+a\cos\omega+b\end{vmatrix}$,且

$$D_1=\begin{vmatrix}c_1 & \sin2\omega+a\sin\omega\\ c_2 & \cos2\omega+a\cos\omega+b\end{vmatrix},\ D_2=\begin{vmatrix}\cos2\omega+a\cos\omega+b & c_1\\ -\sin2\omega-a\sin\omega & c_2\end{vmatrix}$$

②$\overline{D}=\begin{vmatrix}\cos2\omega-b & \sin2\omega\\ -\sin2\omega & \cos2\omega-b\end{vmatrix}=1+b^2-2b\cos2\omega$,且

$$\overline{D}_1=\begin{vmatrix}c_1 & \sin2\omega\\ c_2 & \cos2\omega-b\end{vmatrix},\overline{D}_2=\begin{vmatrix}\cos2\omega-b & c_1\\ -\sin2\omega & c_2\end{vmatrix}$$

③$\overline{A}_1=\frac{c_1}{2}$，$\overline{A}_2=\frac{c_2}{2}$.

[附 2]　微积分在经济中的应用

(一)几个概念

1. 函数的变化率——边际函数

设函数 $y=f(x)$可导,则导函数 $f'(x)$在经济学中称为边际函数.

2. 函数的相对变化率——函数的弹性

设函数 $y=f(x)$在 $x=x_0$ 处可导,则其相对改变量

$$\frac{\Delta y}{y_0}=\frac{f(x_0+\Delta x)-f(x_0)}{f(x_0)}$$

与自变量的相对改变量$\frac{\Delta x}{x_0}$之比$\frac{\Delta y}{y_0}\Big/\frac{\Delta x}{x_0}$称为函数 $f(x)$从 x_0 到 $x_0+\Delta x$ 两点相对变化率和两点间的弹性

$$f'(x_0)\frac{x_0}{f(x_0)}$$

而$\lim\limits_{\Delta x\to 0}\left\{\frac{\Delta y}{y_0}\Big/\frac{\Delta x}{x_0}\right\}$称为 $f(x)$在 $x=x_0$ 处的弹性,记$\left.\frac{Ey}{Ex}\right|_{x=x_0}$. 它表示 x 产生 1%的变化时,y 变化的百分比.

又$\frac{Ey}{Ex}=f'(x)\frac{x}{f(x)}=y'\frac{x}{y}$称为 $f(x)$的弹性函数.

(二)常用经济函数

1. 常用经济函数

在经济活动中常用的经济函数可见下表：

常用经济函数表

函数名称	公　式
总成本函数(固定成本+可变成本)	$C(Q)+C_0+C_1(Q)$ 或 $C(Q)=\int_0^a C(t)\mathrm{d}t+C_0$
平均成本	$\overline{C}=\frac{C(Q)}{Q}$
边际成本	$C'(Q)=C'_1(Q)$
总收益函数	$R(Q)=pQ$ 或 $R(Q)=\int_0^Q R'(t)\mathrm{d}t$
平均收益	$\overline{R}=\frac{R(Q)}{Q}$
边际收益	$R'(Q)$
总利润函数	$L(Q)=R(Q)-C(Q)$ 或 $L(Q)=\int_0^Q L'(t)\mathrm{d}t-C_0$
边际利润	$L'(Q)=R'(Q)-C'(Q)$
最大利润原则	
必要条件	$R'(Q_0)=C'(Q_0)$
充分条件	$R''(Q_0)<C''(Q_0)$
税后利润	$L(Q)=R(Q)-C(Q)-tQ$(t 为税率)

续表

函数名称	公　式
需求函数	$Q=Q_d(P)$
供给函数	$Q=Q_s(P)$
均衡函数	满足 $Q_d(P)=Q_s(P)$ 的价格 P_e

2. 需求弹性

需求弹性公式表

需求弹性公式	经济意义:价格每变动1%时,需求量变动的百分率 $\varepsilon_P=\frac{EQ}{EP}=-\frac{P}{Q}\frac{dQ}{dP}$ 若 $\varepsilon_P>0$,则 $\varepsilon_P=-\frac{P}{Q}\frac{dQ}{dP}$;若 $\varepsilon_P<0$,则 $\varepsilon_P=\frac{P}{Q}\frac{dQ}{dP}$
需求弹性与总收益	$\Delta R\approx dR=d(PQ)=PdQ+QdP=\left(1+\frac{P}{Q}\frac{dQ}{dP}\right)QdP=(1-\varepsilon_P)QdP$
四个重要公式	①$\Delta R\approx(1-\varepsilon_P)QdP$　②$\frac{dQ}{dP}=(1-\varepsilon_P)Q$ ③$\frac{dR}{dQ}=\left(1-\frac{1}{\varepsilon_P}\right)P$　④$\frac{ER}{EP}=\frac{P}{R}\frac{dR}{dP}=1-\varepsilon_P$

3. 复利公式

复利公式表

复利	定义	指本金计算的每个存款周期利息在期末加入本金,且在以后存期内再计利息.
复利	记号	设 PV 为本金(现值),i 为每期利率,n 为计息期数,FV_n 为 n 期后的本利和(终值).
复利终值	分期计息	$FV_n=PV(1+i)^n=PV\cdot FVIF_{i,n}$ 其中 $FVIF_{i,n}=(1+i)^n$ 称为复利终值系数
复利终值	连续计息	$FV_n=PV\cdot e^{ni}$
复利现值	分期计息	$PV=FV_n\cdot\frac{1}{(1+i)^n}=FV_n\cdot PVIF_{i,n}$ 其中 $PVIF_{i,n}=\frac{1}{(1+i)^n}$称为复利现值系数或贴现系数.
复利现值	连续计息	$PV=FV_ne^{-ni}$

第2章 线性代数

一、行列式

(一)矩阵

由 $m\times n$ 个数 $a_{ij}(i=1,2,\cdots,m;j=1,2,\cdots,n)$ 排成的(m 行 n 列的)矩形数表

$$\boldsymbol{A}=\begin{pmatrix} a_{11} & a_{12} & \cdots & a_{1n} \\ a_{21} & a_{22} & \cdots & a_{2n} \\ \vdots & \vdots & & \vdots \\ a_{m1} & a_{m2} & \cdots & a_{mn} \end{pmatrix}$$

叫做 m 行 n 列的矩阵.

简记 $\boldsymbol{A}=(a_{ij})_{m\times n}$，其中 a_{ij} 叫做 $\boldsymbol{A}$ 的第 i 行、第 j 列元素.

当 $m=n$ 时，称 $\boldsymbol{A}$ 为方阵，简称 n 阶矩阵.

且记 $\mathbf{R}^{m\times n}$ 为含实元素 $m\times n$ 阵的全体(集合). 特别地，$1\times n$ 的矩阵称为列向量，常记为 $\mathbf{R}^{1\times n}$. 又 $n\times 1$ 的矩阵称为行向量常记为 $\mathbf{R}^{n\times 1}$. 向量集合有时简记成 $\mathbf{R}^n$.

(二)行列式

1. 行列式的定义

行列式的定义很多，其中较为直接的(构造性的)定义是

$$|\boldsymbol{A}|=\begin{vmatrix} a_{11} & a_{12} & \cdots & a_{1n} \\ a_{21} & a_{22} & \cdots & a_{2n} \\ \vdots & \vdots & & \vdots \\ a_{n1} & a_{n2} & \cdots & a_{nn} \end{vmatrix}=\sum_{(i_1 i_2\cdots i_n)}(-1)^{\tau(i_1 i_2\cdots i_n)}a_{1i_1}a_{2i_2}\cdots a_{ni_n}$$

这里 $(i_1 i_2\cdots i_n)$ 是数字 $1,2,\cdots,n$ 的任一排列，$\tau(i_1 i_2\cdots i_n)$ 为排列 $(i_1 i_2\cdots i_n)$ 的**逆序数**.

矩阵(方阵)$\boldsymbol{A}$ 的行列式常记为 $\det\boldsymbol{A}$ 或简记成 $|\boldsymbol{A}|$.

注　这里想再强调一点，矩阵与行列式的本质区别在于：行列式是数；矩阵只是一个数表.

对于 n 阶方阵 $\boldsymbol{A}$ 而言，若 $\boldsymbol{A}_{ij}$ 为 $|\boldsymbol{A}|$ 中划去第 i 行、第 j 列剩下的 $n-1$ 阶矩阵，则 $(-1)^{i+j}|\boldsymbol{A}_{ij}|$ 称为 a_{ij} 的**代数余子式**，它常简记成 A_{ij}. 又 $\boldsymbol{A}^*=(A_{ji})_{n\times n}$ 称为 $\boldsymbol{A}$ 的**伴随矩阵**.

2. 行列式的性质

①行、列互换(行变列、列变行)，其值不变，即 $|\boldsymbol{A}|=|\boldsymbol{A}^{\mathrm{T}}|$，这里 $\boldsymbol{A}^{\mathrm{T}}$ 表示 $\boldsymbol{A}$ 的转置；

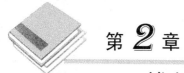

②交换列行式两行(或列)位置,行列式的值变号;

③某数乘行列式一行(或列)诸元素等于该数乘行列式的值;

④将某行(或列)的倍数加到另外一行(或列),行列式的值不变;

⑤若两行(或列)对应元素成比例,则行列式的值为零;

⑥(拉普拉斯(Laplace)展开)行列式可按某一行(或列)展开,且

$$\sum_{k=1}^{n} a_{ik}A_{jk} = \delta_{ij} \mid \mathbf{A} \mid ,\text{其中 } \delta_{ij} = \begin{cases} 1, & i=j \\ 0, & i \neq j \end{cases} \quad (1 \leqslant i,j \leqslant n)$$

这里 δ_{ij} 称为 Kronecker 符号. 特别地,$\mid \mathbf{A} \mid = \sum\limits_{k=1}^{n} a_{ik}A_{ik}(i=1,2,\cdots,n)$.

行列式函数求导问题我们可有下面的结论:

若 $a_{ij}(t)(1\leqslant i,j\leqslant n)$是 t 的可导函数,则

$$\frac{\mathrm{d}}{\mathrm{d}t}\begin{vmatrix} a_{11}(t) & a_{12}(t) & \cdots & a_{1n}(t) \\ a_{21}(t) & a_{22}(t) & \cdots & a_{2n}(t) \\ \vdots & \vdots & & \vdots \\ a_{n1}(t) & a_{n2}(t) & \cdots & a_{nn}(t) \end{vmatrix} = \sum_{j=1}^{n}\begin{vmatrix} a_{11}(t) & a'_{1j}(t) & \cdots & a_{1n}(t) \\ a_{21}(t) & a'_{2j}(t) & \cdots & a_{2n}(t) \\ \vdots & \vdots & & \vdots \\ a_{n1}(t) & a'_{nj}(t) & \cdots & a_{nn}(t) \end{vmatrix}$$

注 拉普拉斯展开实际上是指行列式可以按照某几行(或列)展开,这里只是该展开的特例情形.

⑦若 $\mathbf{A},\mathbf{B}$ 均为 n 阶方阵,则$|\mathbf{AB}|=|\mathbf{A}||\mathbf{B}|$.

⑧$|\mathbf{A}^*|=|\mathbf{A}|^{n-1}$,其中 $\mathbf{A}$ 为 n 阶方阵,且 $\mathbf{A}^*$ 为 $\mathbf{A}$ 的伴随矩阵.

⑨$|\mathbf{A}^{-1}|=|\mathbf{A}|^{-1}$,其中 $\mathbf{A}$ 为 n 阶非奇异阵.

⑩$|a\mathbf{A}|=a^n|\mathbf{A}|$,其中 $a\in\mathbf{R}$,且 $\mathbf{A}$ 是 n 阶方阵.

3. 行列式的常用计算方法

①用行列式定义(多用于低阶行列式);

②利用行列式性质,将行列式化成特殊形状(上三角形或下三角形);

③用拉普拉斯展开;

④利用不同阶数行列式间的递推关系(常结合数学归纳法);

⑤利用著名行列式(如范德蒙(Vandermonde)行列式)的展开式;

⑥利用矩阵性质(如矩阵变换分块及矩阵特征问题)等.

4. 几个特殊的行列式

(1)范德蒙行列式

$$\begin{vmatrix} 1 & 1 & \cdots & 1 \\ x_1 & x_2 & \cdots & x_n \\ x_1^2 & x_2^2 & \cdots & x_n^2 \\ \vdots & \vdots & & \vdots \\ x_1^{n-1} & x_2^{n-1} & \cdots & x_n^{n-1} \end{vmatrix} = \prod_{1\leqslant j<i\leqslant n}(x_i - x_j)$$

它的推广情形为:

若 $f_k(x)=a_{k0}x^k+a_{k1}x^{k-1}+\cdots+a_{k,k-1}x+a_{kk}(k=0,1,2,\cdots,n-1)$,则

$$\begin{vmatrix} f_0(x_1) & f_0(x_2) & \cdots & f_0(x_n) \\ f_1(x_1) & f_1(x_2) & \cdots & f_1(x_n) \\ \vdots & \vdots & & \vdots \\ f_{n-1}(x_1) & f_{n-1}(x_2) & \cdots & f_{n-1}(x_n) \end{vmatrix} = D\cdot\prod_{1\leqslant i<j\leqslant n}(x_i - x_j)$$

其中 D 为 $f_k(x)(k=0,1,\cdots,n-1)$的系数组成的行列式.

(2)克莱姆(Gram)行列式

设 $\boldsymbol{\alpha}_i=(a_{i1},a_{i2},\cdots,a_{in})\in\mathbf{R}^n$，又 $a_{ij}=(\boldsymbol{\alpha}_i,\boldsymbol{\alpha}_j)$ 或 $\boldsymbol{\alpha}_i^{\mathrm{T}}\boldsymbol{\alpha}_j$ 是 $\boldsymbol{\alpha}_i,\boldsymbol{\alpha}_j$ 的内积

$$\begin{vmatrix} (\boldsymbol{\alpha}_1,\boldsymbol{\alpha}_1) & (\boldsymbol{\alpha}_1,\boldsymbol{\alpha}_2) & \cdots & (\boldsymbol{\alpha}_1,\boldsymbol{\alpha}_n) \\ (\boldsymbol{\alpha}_2,\boldsymbol{\alpha}_1) & (\boldsymbol{\alpha}_2,\boldsymbol{\alpha}_2) & \cdots & (\boldsymbol{\alpha}_2,\boldsymbol{\alpha}_n) \\ \vdots & \vdots & & \vdots \\ (\boldsymbol{\alpha}_n,\boldsymbol{\alpha}_1) & (\boldsymbol{\alpha}_n,\boldsymbol{\alpha}_2) & \cdots & (\boldsymbol{\alpha}_n,\boldsymbol{\alpha}_n) \end{vmatrix} = \begin{vmatrix} a_{11} & a_{12} & \cdots & a_{1n} \\ a_{21} & a_{22} & \cdots & a_{2n} \\ \vdots & \vdots & & \vdots \\ a_{n1} & a_{n2} & \cdots & a_{nn} \end{vmatrix}$$

(3)循环行列式

$$\begin{vmatrix} x_0 & x_1 & x_2 & \cdots & x_{n-1} \\ x_{n-1} & x_0 & x_1 & \cdots & x_{n-2} \\ \vdots & \vdots & \vdots & & \vdots \\ x_1 & x_2 & x_3 & \cdots & x_0 \end{vmatrix} = \prod_{k=0}^{n-1}(x_0+x_1\zeta^k+x_2\zeta^{2k}+\cdots+x_{n-1}\zeta^{(n-1)k})$$

这里 ζ 是 1 的 n 次原根 $e^{\frac{2\pi}{n}i}=\cos\dfrac{2\pi}{n}+i\sin\dfrac{2\pi}{n}$($e^{\frac{2\pi}{n}i}$ 又可记为 $\exp\left\{\dfrac{2\pi}{n}i\right\}$).

(4)交错矩阵行列式

$$\begin{vmatrix} 0 & x_{12} & x_{13} & \cdots & x_{1n} \\ -x_{12} & 0 & x_{23} & \cdots & x_{2n} \\ -x_{13} & -x_{23} & 0 & \cdots & x_{3n} \\ \vdots & \vdots & \vdots & & \vdots \\ -x_{1n} & -x_{2n} & -x_{3n} & \cdots & 0 \end{vmatrix} = \begin{cases} 0, & n \text{ 是奇数} \\ P_n(\cdots,x_{ij},\cdots)^2, & n \text{ 是偶数} \end{cases}$$

这里 $P_n(\cdots,x_{ij},\cdots)$ 是变量 x_{ij} 的多项式，称为 Pfaff 多项式.

5. 两个重要常用行列式

①行列式

$$\begin{vmatrix} a & b & \cdots & b & b \\ b & a & \cdots & b & b \\ \vdots & \vdots & & \vdots & \vdots \\ b & b & \cdots & a & b \\ b & b & \cdots & b & a \end{vmatrix} = [a+(n-1)b](a-b)^{n-1}$$

②行列式

$$\begin{vmatrix} \alpha+\beta & \alpha\beta & 0 & \cdots & 0 & 0 \\ 1 & \alpha+\beta & \alpha\beta & \cdots & 0 & 0 \\ 0 & 1 & \alpha+\beta & \cdots & 0 & 0 \\ \vdots & \vdots & \vdots & & \vdots & \vdots \\ 0 & 0 & 0 & \cdots & \alpha+\beta & \alpha\beta \\ 0 & 0 & 0 & \cdots & 1 & \alpha\beta \end{vmatrix} =$$

$$\begin{cases} \dfrac{\alpha^{n+1}-\beta^{n+1}}{\alpha-\beta}=\alpha^n+\alpha^{n-1}\beta+\cdots+\alpha\beta^{n-1}+\beta^n, & \text{若 } \alpha\neq\beta \\ \alpha^n+\alpha^{n-1}\beta+\cdots+\beta^n, & \text{若 } \alpha=\beta \end{cases}$$

计算行列式的本身，也许只是一种运算或技巧，它多依据如何巧妙地运用行列式的性质. 然而就其作为问题本身来讲，似乎意义不大，关键还是在于它的应用. 关于这一点如下：

行列式的应用关系

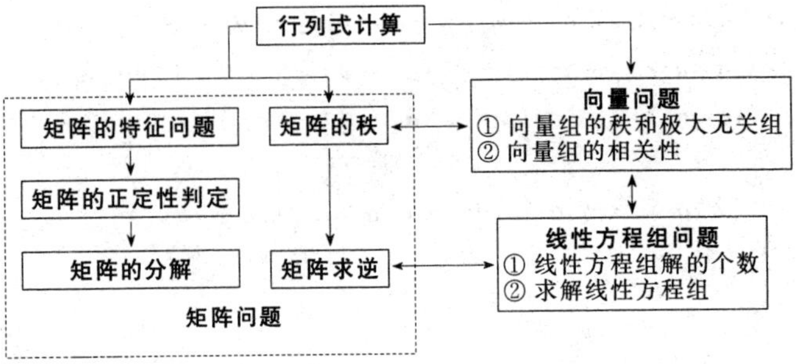

6. 常用的矩阵行列公式

①若 $\boldsymbol{A}^*$ 为 $\boldsymbol{A}\in\mathbf{R}^{n\times n}$ 的伴随矩阵，则 $|\boldsymbol{A}^*|=\begin{cases}|\boldsymbol{A}|^{n-1}, & 若\ \mathrm{r}(\boldsymbol{A})=n\\0, & 若\ \mathrm{r}(\boldsymbol{A})<n\end{cases}$.

②若 $\boldsymbol{A}\in\mathbf{R}^{n\times n}$，且 $\boldsymbol{A}$ 可逆，则 $|\boldsymbol{A}^{-1}|=\dfrac{1}{|\boldsymbol{A}|}$；

③若 $\boldsymbol{A}\in\mathbf{R}^{m\times n}$，$\boldsymbol{B}\in\mathbf{R}^{n\times m}$，则 $|\boldsymbol{I}_m+\boldsymbol{AB}|=|\boldsymbol{I}_n+\boldsymbol{BA}|$.

④设有分块矩阵 $\begin{pmatrix}\boldsymbol{A} & \boldsymbol{B}\\ \boldsymbol{C} & \boldsymbol{D}\end{pmatrix}$，其中矩阵 $\boldsymbol{A},\boldsymbol{D}$ 皆可逆．则

$$\det\begin{pmatrix}\boldsymbol{A} & \boldsymbol{B}\\ \boldsymbol{C} & \boldsymbol{D}\end{pmatrix}=\det[\boldsymbol{A}-\boldsymbol{BD}^{-1}\boldsymbol{C}]\cdot\det\boldsymbol{D}$$

此外，若设 $\boldsymbol{A},\boldsymbol{B},\boldsymbol{C},\boldsymbol{D}$ 均为 n 阶矩阵，则：

①$\det\begin{pmatrix}\boldsymbol{A} & \boldsymbol{B}\\ \boldsymbol{C} & \boldsymbol{D}\end{pmatrix}=\det(\boldsymbol{A}+\boldsymbol{B})\cdot\det(\boldsymbol{A}-\boldsymbol{B})$；

②若 $\det\boldsymbol{A}\neq0$，且 $\boldsymbol{AC}=\boldsymbol{CA}$，则 $\det\begin{pmatrix}\boldsymbol{A} & \boldsymbol{B}\\ \boldsymbol{C} & \boldsymbol{D}\end{pmatrix}=\det(\boldsymbol{AD}-\boldsymbol{CB})$；又若 $\boldsymbol{AB}=\boldsymbol{BA}$，则 $\det\begin{pmatrix}\boldsymbol{A} & \boldsymbol{B}\\ \boldsymbol{C} & \boldsymbol{D}\end{pmatrix}=\det(\boldsymbol{DA}-\boldsymbol{CB})$；

③设 $\boldsymbol{A}_{11},\boldsymbol{A}_{12},\boldsymbol{A}_{21},\boldsymbol{A}_{22}$ 都是 $m\times m$ 的矩阵，且 $|\boldsymbol{A}_{11}|\neq0$，又 $\boldsymbol{A}_{11}\boldsymbol{A}_{22}=\boldsymbol{A}_{21}\boldsymbol{A}_{11}$，则

$$\det\begin{pmatrix}\boldsymbol{A}_{11} & \boldsymbol{A}_{12}\\ \boldsymbol{A}_{21} & \boldsymbol{A}_{22}\end{pmatrix}=\det(\boldsymbol{A}_{11}\boldsymbol{A}_{22}-\boldsymbol{A}_{21}\boldsymbol{A}_{11})$$

二、矩　　阵

(一)矩阵的运算

矩阵运算法则、性质有如下表：

矩阵的某些运算表

运　算	记号与法则	性　质
相　等	若 $\boldsymbol{A}=(a_{ij})_{m\times n}$，$\boldsymbol{B}=(b_{ij})_{m\times n}$，且 $a_{ij}=b_{ij}$ $(1\leqslant i\leqslant m,1\leqslant j\leqslant n)$，则 $\boldsymbol{A}=\boldsymbol{B}$	—
加(减)法	$\boldsymbol{A}\pm\boldsymbol{B}=(a_{ij}\pm b_{ij})_{m\times n}$ (运算产生零矩阵和负矩阵)	$\boldsymbol{A}\pm\boldsymbol{B}=\boldsymbol{B}\pm\boldsymbol{A}$ $(\boldsymbol{A}\pm\boldsymbol{B})\pm\boldsymbol{C}=\boldsymbol{A}\pm(\boldsymbol{B}\pm\boldsymbol{C})$
数　乘	$\alpha\boldsymbol{A}=(\alpha a_{ij})_{m\times n}$	$\alpha(\boldsymbol{A}+\boldsymbol{B})=\alpha\boldsymbol{A}+\alpha\boldsymbol{B}$ $(\alpha+\beta)\boldsymbol{A}=\alpha\boldsymbol{A}+\beta\boldsymbol{A}$ $\alpha(\beta\boldsymbol{A})=(\alpha\beta)\boldsymbol{A}$

续表

运　算	记号与法则	性　质
乘　法	$AB=C=(c_{ij})_{m\times n},c_{ij}=\sum_{k=1}^{n}a_{ik}b_{kj}$ $(i=1,2,\cdots,m;j=1,2,\cdots,p)$ 其中,$A=(a_{ij})_{m\times n}$,$B=(b_{ij})_{n\times p}$	$(AB)C=A\quad(BC)=ABC$ $(A+B)C=AC+BC$ $A(B+C)=AB+AC$ $\alpha(AB)=(\alpha A)B=A(\alpha B)$ 对 A 的多项式 $f(A),g(A)$ 有 $f(A)g(A)=g(A)f(A)$ $\mathrm{tr}(AB)=\mathrm{tr}(BA)=\sum_{k=1}^{n}\lambda_k$ 其中 $\lambda_k(1\leqslant k\leqslant n)$ 为 A 的 n 个特征根,且 $\prod_{k=1}^{n}\lambda_k=\vert A\vert$
转　置	$A^{\mathrm{T}}=B=(b_{ij})_{m\times n}$ $(b_{ij})_{m\times n}=(a_{ji})_{m\times n}$	$(A+B)^{\mathrm{T}}=A^{\mathrm{T}}+B^{\mathrm{T}}$ $(\alpha A)^{\mathrm{T}}=\alpha A^{\mathrm{T}}$ $(AB)^{\mathrm{T}}=B^{\mathrm{T}}A^{\mathrm{T}}$ $(A^k)^{\mathrm{T}}=(A^{\mathrm{T}})^k$
取行列式	$A,B\in\mathbf{R}^{n\times n}$ $\det A=\vert A\vert$ $\det B=\vert B\vert$	$\vert AB\vert=\vert A\vert\vert B\vert$ $\vert\alpha A\vert=\alpha^n\vert A\vert$

注　矩阵乘法一般无交换律.

注意到:n 阶方阵 $A=(a_{ij})_{n\times n}$ 的主对角线诸元素的和即 $\sum_{i=1}^{n}a_{ii}$,称为 A 的迹,记作 $\mathrm{tr}(A)$.

(二)矩阵的秩

矩阵 A 的秩即为 A 的不等于零的子式中的最高阶数,记为 $\mathrm{r}(A)$.

n 阶矩阵 A,若 $\mathrm{r}(A)=n$,则称其为满秩(亦称可逆、非奇异、非退化等)阵;若 $\mathrm{r}(A)<n$,则 A 称为降秩(亦称不可逆、奇异、退化)阵.

若矩阵 $A,B\in\mathbf{R}^{n\times n}$,由 $\mathrm{r}(A)+\mathrm{r}(B)\geqslant\mathrm{r}\begin{pmatrix}A\\B\end{pmatrix}=\mathrm{r}\begin{pmatrix}A+B\\B\end{pmatrix}\geqslant\mathrm{r}(A+B)$ 及 $\max\{\mathrm{r}(A),\mathrm{r}(B)\}\leqslant\mathrm{r}(A,B)$,有矩阵秩的性质:

①$\mathrm{r}(A)-\mathrm{r}(B)\leqslant\mathrm{r}(A\pm B)\leqslant\mathrm{r}(A)+\mathrm{r}(B)$;

②$\mathrm{r}(A)+\mathrm{r}(B)-n\leqslant\mathrm{r}(AB)\leqslant\min\{\mathrm{r}(A),\mathrm{r}(B)\}$;(西尔维斯特(Sylvester)不等式)

③若 A 是非奇异阵,则 $\mathrm{r}(AB)=\mathrm{r}(B)$,$\mathrm{r}(CA)=\mathrm{r}(C)$;

④初等变换(见后面内容)不改变矩阵的秩;

⑤若 $A\in\mathbf{R}^{m\times n}$,则 $\mathrm{r}(A)=\mathrm{r}(A^{\mathrm{T}})=\mathrm{r}(A^{\mathrm{T}}A)=\mathrm{r}(AA^{\mathrm{T}})$.

⑥若 $A\in\mathbf{R}^{m\times n}$,$B\in\mathbf{R}^{n\times p}$,$C\in\mathbf{R}^{p\times q}$,则 $\mathrm{r}(ABC)\geqslant\mathrm{r}(AB)+\mathrm{r}(BC)-\mathrm{r}(B)$.(Frobenius 不等式)

向量组与矩阵秩的比较

向 量 组	矩　阵
n 维向量组 $\boldsymbol{a}_1,\boldsymbol{a}_2,\cdots,\boldsymbol{a}_m$ 的秩为 r	若 $A=\begin{pmatrix}\boldsymbol{a}_1\\\vdots\\\boldsymbol{a}_m\end{pmatrix}$,有秩 $\mathrm{r}(A)=r$
$r=m$	A 的 m 级子式有一个不为 0;$Ax=0$ 仅有零解
$r=m=n$	$\vert A\vert\neq0$;或 A 非奇异(可逆)

注 向量组 $a_1, a_2, \cdots, a_m$ 的秩多化为矩阵的秩去讨论，这将是方便的.

(三)初等变换与初等矩阵

初等变换 指对矩阵实施的下列变换：①交换其两行(或列)；②用非零数乘矩阵某一行(或列)；③将其某一行(或列)的 k 倍加到另外一行(或列).

初等矩阵 对单位矩阵 $\boldsymbol{I}$(又记为 $\boldsymbol{E}$)$=\mathrm{diag}\{1,1,\cdots,1\}$即

$$\boldsymbol{I}=\begin{pmatrix}1 & & & \\ & 1 & & \\ & & \ddots & \\ & & & 1\end{pmatrix}$$

实施一次初等变换得到的矩阵.

初等矩阵有下列 3 种：$\boldsymbol{P}(i,j)$，$\boldsymbol{P}(i(k))$和 $\boldsymbol{P}(i,i(k)+j)$或简记为 $\boldsymbol{P}(i(k),j)$，它们有时也记为 $\boldsymbol{E}(i,j)$，$\boldsymbol{E}(i(k))$，$\boldsymbol{E}(i(k),j)$或者 $\boldsymbol{I}(i,j)$，$\boldsymbol{I}(i(k))$，$\boldsymbol{I}(i(k),j)$.

$$\boldsymbol{P}(i,j)=\begin{pmatrix}1 & & & & & & & & & \\ & \ddots & & & & & & & & \\ & & 1 & & & & & & & \\ & & & 0 & & & & 1 & & \\ & & & & 1 & & & & & \\ & & & & & \ddots & & & & \\ & & & & & & 1 & & & \\ & & & 1 & & & & 0 & & \\ & & & & & & & & 1 & \\ & & & & & & & & & \ddots \\ & & & & & & & & & & 1\end{pmatrix}\begin{matrix}\\ \\ \\ 第\,i\,行\\ \\ \\ \\ 第\,j\,行\\ \\ \\ \\ \end{matrix}$$

用初等矩阵去乘矩阵 $\boldsymbol{A}$

左乘矩阵 $\boldsymbol{A}$　　右乘矩阵 $\boldsymbol{A}$

$\boldsymbol{A}$ 互换 i,j 行　　$\boldsymbol{A}$ 互换 i,j 列

对应上面初等变换(1)

$$\boldsymbol{P}(i(k))=\begin{pmatrix}1 & & & & & & \\ & \ddots & & & & & \\ & & 1 & & & & \\ & & & k & & & \\ & & & & 1 & & \\ & & & & & \ddots & \\ & & & & & & 1\end{pmatrix}\begin{matrix}\\ \\ \\ 第\,i\,行\\ \\ \\ \\ \end{matrix}$$

左乘矩阵 $\boldsymbol{A}$　　**右乘矩阵 $\boldsymbol{A}$**

$\boldsymbol{A}$ 第 i 行乘以 k　　$\boldsymbol{A}$ 第 i 列乘以 k

对应上面初等变换(2)

$$\boldsymbol{P}(i(k),j)=\begin{pmatrix}1 & & & & & \\ & \ddots & & & & \\ & & 1 & & & \\ & & & \ddots & & \\ & & k & & 1 & \\ & & & & & \ddots \\ & & & & & & 1\end{pmatrix}\begin{matrix}\\ \\ 第\,i\,行\\ \\ 第\,j\,行\\ \\ \\ \end{matrix}$$

左乘矩阵 $\boldsymbol{A}$　　**右乘矩阵 $\boldsymbol{A}$**

第 i 行乘以 k　　第 j 列乘以 k

加至第 j 行　　加至第 i 列

对应上面初等变换(3)

初等矩阵的作用 初等矩阵左乘矩阵 $\boldsymbol{A}$，相当于对 $\boldsymbol{A}$ 的行实施由 $\boldsymbol{I}$ 到该初等矩阵产生的同样变换；

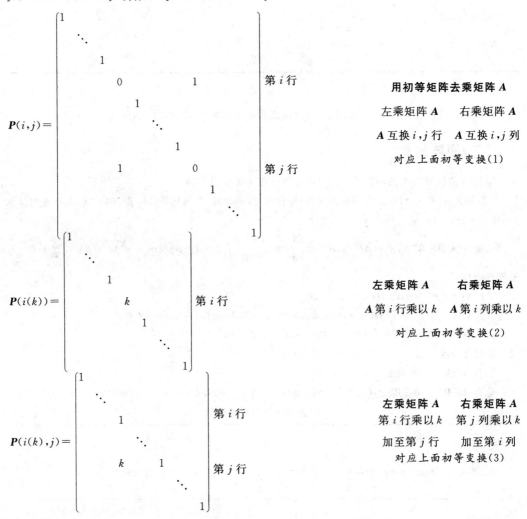

右乘矩阵 $\boldsymbol{A}$，相当于对 $\boldsymbol{A}$ 的列实施由 $\boldsymbol{I}$ 到该初等矩阵产生的同样变换.（简记左行右列）

注 初等还可以写作 $\boldsymbol{I}-\sigma\boldsymbol{u}\boldsymbol{v}^{\mathrm{T}}$ 的形式，其中 $\boldsymbol{u},\boldsymbol{v}\in\mathbf{R}^{n}$，$\sigma\in\mathbf{R}$，具体地讲

$$\boldsymbol{P}(i,j)=\boldsymbol{I}-(\boldsymbol{e}_i-\boldsymbol{e}_j)(\boldsymbol{e}_i-\boldsymbol{e}_j)^{\mathrm{T}};\ \boldsymbol{P}(i(k))=\boldsymbol{I}-(1-k)\boldsymbol{e}_i\boldsymbol{e}_i^{\mathrm{T}};\ \boldsymbol{P}(i(k),j)=\boldsymbol{I}+k\boldsymbol{e}_i\boldsymbol{e}_j^{\mathrm{T}}$$

（四）矩阵等价

若矩阵 $\boldsymbol{B}$ 可以从矩阵 $\boldsymbol{A}$ 经过一系列初等变换得到，则称矩阵 $\boldsymbol{B}$ 与矩阵 $\boldsymbol{A}$ 等价，记作 $\boldsymbol{A}\simeq\boldsymbol{B}$.

任何矩阵均可等价于（或经过初等行列变换可化为）矩阵

$$\operatorname{diag}\{\underbrace{1,1,\cdots,1}_{r个},0,0,\cdots,0\}=\begin{pmatrix}1&&&&\\&\ddots&&&\\&&1&&\\&&&0&\\&&&&\ddots\\&&&&&0\end{pmatrix}=\begin{pmatrix}\boldsymbol{I}_r&\boldsymbol{O}\\\boldsymbol{O}&\boldsymbol{O}\end{pmatrix}$$

该矩阵又称为等价标准型.

两个矩阵 $\boldsymbol{A},\boldsymbol{B}$ 等价的充要条件：

①存在初等矩阵 $\boldsymbol{P}_1,\boldsymbol{P}_2,\cdots,\boldsymbol{P}_s$ 与 $\boldsymbol{Q}_1,\boldsymbol{Q}_2,\cdots,\boldsymbol{Q}_t$ 使

$$\boldsymbol{B}=\boldsymbol{P}_1\boldsymbol{P}_2\cdots\boldsymbol{P}_s\boldsymbol{A}\boldsymbol{Q}_1\boldsymbol{Q}_2\cdots\boldsymbol{Q}_t$$

②存在非奇异矩阵 $\boldsymbol{P},\boldsymbol{Q}$ 使 $\boldsymbol{B}=\boldsymbol{P}\boldsymbol{A}\boldsymbol{Q}$；

③$\mathrm{r}(\boldsymbol{A})=\mathrm{r}(\boldsymbol{B})$；（此条件最常用）

④$\boldsymbol{A},\boldsymbol{B}$ 有相同的等价标准型.

（五）逆矩阵

逆矩阵 若有矩阵 $\boldsymbol{B}$ 使 $\boldsymbol{AB}=\boldsymbol{BA}=\boldsymbol{I}$，则称矩阵 $\boldsymbol{AB}$ 可逆（又称非奇异、满秩），且称矩阵 $\boldsymbol{B}$ 为 $\boldsymbol{A}$ 的逆矩阵，记作 $\boldsymbol{A}^{-1}$.

逆矩阵的性质

①$(\boldsymbol{A}^{-1})^{-1}=\boldsymbol{A}$； ②$(\boldsymbol{A}^{\mathrm{T}})^{-1}=(\boldsymbol{A}^{-1})^{\mathrm{T}}$； ③$(\boldsymbol{AB})^{-1}=\boldsymbol{B}^{-1}\boldsymbol{A}^{-1}$；

④$|\boldsymbol{A}^{-1}|=\dfrac{1}{|\boldsymbol{A}|}$； ⑤$(\alpha\boldsymbol{A})^{-1}=\dfrac{1}{\alpha}\boldsymbol{A}^{-1}$（$\alpha$ 为非 0 常数）.

矩阵可逆的充要条件

①$\boldsymbol{A}$ 满秩（非奇异）或 $|\boldsymbol{A}|\neq 0$ 或 $\mathrm{r}(\boldsymbol{A})=n$（$\boldsymbol{A}$ 为 n 阶方阵）；

②$\boldsymbol{A}$ 的 n 个行（或列）向量线性无关；

③$\boldsymbol{A}$ 可经过行、列初等变换化为单位矩阵；

④$\boldsymbol{A}$ 可表示为一些初等矩阵的乘积；

⑤方程组 $\boldsymbol{Ax}=\boldsymbol{0}$ 仅有零解或 $\boldsymbol{Ax}=\boldsymbol{b}$ 有唯一解；

⑥$\boldsymbol{A}$ 的特征值（根）皆非零.

（Hadamard 定理）若 $\boldsymbol{A}\in\mathbf{R}^{n\times n}$，$\boldsymbol{A}=(a_{ij})_{n\times n}$，又 $|a_{ij}|>\sum\limits_{\substack{j=1\\j\neq i}}^{n}a_{ij}$，称 $\boldsymbol{A}$ 为严格对角占优（优势）阵. 严格对角占优（优势）阵非奇异.

逆矩阵的求法

①伴随矩阵法

$$A^{-1}=\frac{A^*}{|A|}=\frac{1}{|A|}\begin{pmatrix}A_{11}&A_{21}&\cdots&A_{n1}\\A_{12}&A_{22}&\cdots&A_{n2}\\\vdots&\vdots&&\vdots\\A_{1n}&A_{2n}&\cdots&A_{nn}\end{pmatrix}$$

其中 A^* 称为 A 的伴随矩阵(A_{ij} 为 a_{ij} 的代数余子式,注意 A^* 中元素为 (A_{ji})).

②初等变换法(记录矩阵法)

$$(A \vdots I)\xrightarrow{\text{初等行变换}}(I \vdots A^{-1})$$

或

$$\begin{pmatrix}A\\I\end{pmatrix}\xrightarrow{\text{初等列变换}}\begin{pmatrix}I\\A^{-1}\end{pmatrix}$$

即在上述变换中,当 A 变为 I 时,I 变为 A^{-1}. 这只需注意到

$$A^{-1}(A \vdots I)=(I \vdots A^{-1})$$

和 $\begin{pmatrix}A\\I\end{pmatrix}A^{-1}=\begin{pmatrix}I\\A^{-1}\end{pmatrix}$ 即可.

③解线性方程组法:

设 $X=(x_{ij})_{n\times n}$,则矩阵方程 $AX=I$(可化为线性方程组)的解 X 即为 A 的逆矩阵.

④利用分块矩阵性质;

⑤利用凯莱一哈密顿(Cayley-Hamilton)定理.

注 由前文我们可以看出初等矩阵的逆矩阵如下:

	行列式	逆矩阵
$P(i,j)$	-1	$P(i,j)$
$P(i(k))$	k	$P(i(\frac{1}{k}))$
$P(i,j(k))$	1	$P(i,j(-k))$

几个重要的逆矩阵公式(矩阵和求逆)

①若 A,B 可逆,验证矩阵等式

$$(A+B)^{-1}=A^{-1}-A^{-1}(A^{-1}+B^{-1})^{-1}A^{-1}$$

②若 $A,B\in\mathbf{R}^{n\times n}$,且 $A,B,A+B,A^{-1}+B^{-1}$ 均满秩(可逆),则

$$(A^{-1}+B^{-1})^{-1}=A(A+B)^{-1}B=B(A+B)^{-1}A$$

③$A\in\mathbf{R}^{n\times n}$ 非奇异,$u,v\in\mathbf{R}^n$,又 $1+u^{\mathrm{T}}A^{-1}u\neq0$,则

$$(A+uv^{\mathrm{T}})^{-1}=A^{-1}-\frac{A^{-1}uv^{\mathrm{T}}A^{-1}}{1+v^{\mathrm{T}}A^{-1}u}$$

其中 $A+uv^{\mathrm{T}}$ 称为 A 的挠动矩阵.(Sherman-Morrison 公式)

④分块矩阵求逆问题一般涉及四个子块的分块方式,具体地讲常有:

若 $X=\begin{pmatrix}A&B\\O&C\end{pmatrix}$,则 X 的逆 $X^{-1}=\begin{pmatrix}A^{-1}&-A^{-1}BC^{-1}\\O&C^{-1}\end{pmatrix}$;

若 $Y=\begin{pmatrix}A&O\\B&C\end{pmatrix}$,则 Y 的逆 $Y^{-1}=\begin{pmatrix}A^{-1}&O\\-C^{-1}BA&C^{-1}\end{pmatrix}$;

若 $Z=\begin{pmatrix}O&A\\C&B\end{pmatrix}$,则 Z 的逆 $Z^{-1}=\begin{pmatrix}-C^{-1}BA^{-1}&C^{-1}\\A^{-1}&O\end{pmatrix}$.

特别地,若 A,B 可逆时有

$$\begin{pmatrix} A & O \\ O & B \end{pmatrix}^{-1} = \begin{pmatrix} A^{-1} & O \\ O & B^{-1} \end{pmatrix}, \begin{pmatrix} O & A \\ B & O \end{pmatrix}^{-1} = \begin{pmatrix} O & B^{-1} \\ A^{-1} & O \end{pmatrix}$$

伴随矩阵 A^* 的性质

①$r(A^*)=\begin{cases} n, & r(A)=n \text{ 时} \\ 1, & r(A)=n-1 \text{ 时}; \\ 0, & r(A)<n-1 \text{ 时} \end{cases}$　　②$AA^*=A^*A=|A|I$；

③$|A^*|=|A|^{n-1}(n\geqslant 2)$；　　④$(A^*)^*=|A^{n-2}|A$；

⑤$(AB)^*=B^*A^*$；　　⑥$(A^*)^{-1}=\dfrac{A}{|A|}$.

(六)一些特殊矩阵

一些特殊矩阵及其性质如下：

名称记号	定　义	性　质
零矩阵 O	$O=(0)_{m\times n}$	$A\pm O=A$，　$0\cdot A=O$
负矩阵 $-A$	若 $A=(a_{ij})_{m\times n}$，则 $-A=(-a_{ij})_{m\times n}$	$A+(-A)=O$，　$-(-A)=A$
单位阵 I 或 E	$I=\begin{pmatrix} 1 & & \\ & \ddots & \\ & & 1 \end{pmatrix}$ 常记为 $\mathrm{diag}\{1,1,\cdots,1\}$	$\|I\|=1$ $AI=IA=A$
数(纯)量矩阵 I_k	$I_k=kI$　(k 是数)	$kI+lI=(k+l)I$ $(kI)(lI)=(kl)I$ $(kI)^{-1}=k^{-1}I$ $(k\neq 0)$
对角阵 D	$D=\begin{pmatrix} d_1 & & \\ & \ddots & \\ & & d_n \end{pmatrix}$ 又记为 $\mathrm{diag}\{d_1,\cdots,d_n\}$	若$\|D\|=d_1\cdot d_2\cdot\cdots\cdot d_n,d_i\neq 0$，$D$ 有逆，且 $D^{-1}=\mathrm{diag}\{d_1^{-1},d_2^{-1},\cdots,d_n^{-1}\}$ 又若 $A=(a_{ij})$，则 $DA=(d_ia_{ij})$，$AD=(d_ia_{ij})$
秩 1 矩阵	$A=\alpha\beta^{\mathrm{T}}$	$r(A)=1$，$\|A\|=0$
上三角阵(转置为下三角阵)	$A=\begin{pmatrix} a_{11} & a_{12} & \cdots & a_{1n} \\ & a_{22} & \cdots & a_{2n} \\ & & \ddots & \vdots \\ & & & a_{nn} \end{pmatrix}$	若 A,B 为上(下)三角阵，则 $A+B,AB,kA,A^{-1}$ 均为上(下)三角阵，且 $\|A\|=a_{11}\cdot a_{22}\cdot\cdots\cdot a_{nn}$
对称矩阵	$A^{\mathrm{T}}=A$	若 A,B 为对称阵，则 $A\pm B,AB$ 仍为对称阵
反对称阵	$A^{\mathrm{T}}=-A$	若 A,B 为反对称阵，则 $A\pm B,AB$ 仍为反对称阵，奇数阶反对称阵行列式为 0
幂等阵	$A^2=A$	若 $A\neq I$，A 为奇异(不可逆)阵，则 $r(A)+r(I+A)=n$

续表

名称记号	定　义	性　质
幂零阵	$\boldsymbol{A}^2=\boldsymbol{O}$	$\boldsymbol{A}$ 为奇异阵，$\boldsymbol{A}\pm\boldsymbol{I}$ 为非奇异阵
幂幺阵 （对合阵）	$\boldsymbol{A}^k=\boldsymbol{I}$ $(\boldsymbol{A}^2=\boldsymbol{I})$	$\boldsymbol{A}$ 为非奇异阵，且 $\boldsymbol{A}^{-1}=\boldsymbol{A}^{k-1}$，$\boldsymbol{A}^2=\boldsymbol{I}$ 时 $\mathrm{r}(\boldsymbol{I}+\boldsymbol{A})+\mathrm{r}(\boldsymbol{I}-\boldsymbol{A})=n$
伴随矩阵 $\boldsymbol{A}^*$	$\boldsymbol{A}^*=\begin{pmatrix} A_{11} & A_{21} & \cdots & A_{n1} \\ A_{12} & A_{22} & \cdots & A_{n2} \\ \vdots & \vdots & & \vdots \\ A_{1n} & A_{2n} & \cdots & A_{nn} \end{pmatrix}$	$\boldsymbol{A}^{-1}=\dfrac{\boldsymbol{A}^*}{\|\boldsymbol{A}\|}$ $\|\boldsymbol{A}\|=\|\boldsymbol{A}\|^{n-r}\quad(n\geqslant 2)$ $(\boldsymbol{A}^*)^*=\|\boldsymbol{A}\|^{n-2}\boldsymbol{A}$ $(\boldsymbol{AB})^*=\boldsymbol{B}^*\boldsymbol{A}^*$ $(\boldsymbol{A}^*)^{-1}=(\boldsymbol{A}^{-1})^*=\dfrac{\boldsymbol{A}}{\|\boldsymbol{A}\|}$ $\mathrm{r}(\boldsymbol{A}^*)=\begin{cases} n, & \mathrm{r}(\boldsymbol{A})=n \\ 1, & \mathrm{r}(\boldsymbol{A})=n-1 \\ 0, & \mathrm{r}(\boldsymbol{A})=n-1 \end{cases}$
正交矩阵	满足 $\boldsymbol{AA}^{\mathrm{T}}=\boldsymbol{AA}^{\mathrm{T}}=\boldsymbol{I}$ 或 $\boldsymbol{A}^{-1}=\boldsymbol{A}^{\mathrm{T}}$ 的矩阵	若 $\boldsymbol{A}$ 为正交阵，则 $\boldsymbol{A}^{-1}$，$\boldsymbol{A}^*$ 也为正交阵，同阶正交阵之积仍是正交阵；$\|\boldsymbol{A}\|=\pm 1$

矩阵 $\boldsymbol{A}=(a_{ij})_{m\times n}$ 是正交矩阵的充要条件（δ_{ij} 称为 Kronecker 记号）：

①$\displaystyle\sum_{k=1}^{n}a_{ik}a_{jk}=\delta_{ij}=\begin{cases}1, & i=j\\ 0, & i\neq j\end{cases};\quad (i,j=1,2,\cdots,n)$

②$\displaystyle\sum_{k=1}^{n}a_{ki}a_{kj}=\delta_{ij}=\begin{cases}1, & i=j\\ 0, & i\neq j\end{cases};\quad (i,j=1,2,\cdots,n)$

③$\boldsymbol{A}$ 的 n 个行（列）向量组是单正交向量组；

④由定义 $\boldsymbol{A}^{-1}=\boldsymbol{A}^{\mathrm{T}}$.

（七）矩阵关系

关　系	定　义	性　质
等 价	若 $\boldsymbol{P},\boldsymbol{Q}$ 为非奇异矩阵，若 $\boldsymbol{A}=\boldsymbol{PBQ}$ 则称 $\boldsymbol{A},\boldsymbol{B}$ 等价，记作 $\boldsymbol{A}\simeq\boldsymbol{B}$	$\boldsymbol{A}\simeq\boldsymbol{A}$　（对称性） 若 $\boldsymbol{A}\simeq\boldsymbol{B}$，则 $\boldsymbol{B}\simeq\boldsymbol{A}$　（反身性） 若 $\boldsymbol{A}\simeq\boldsymbol{B}$，$\boldsymbol{B}\simeq\boldsymbol{C}$，则 $\boldsymbol{A}\simeq\boldsymbol{C}$　（传递性）
相 合 （合同）	若 $\boldsymbol{P}$ 为非奇异矩阵，若 $\boldsymbol{A}=\boldsymbol{P}^{\mathrm{T}}\boldsymbol{BP}$ 则称 $\boldsymbol{A},\boldsymbol{B}$ 相合（合同）	①$\mathrm{r}(\boldsymbol{A})=\mathrm{r}(\boldsymbol{B})$ ②若 $\boldsymbol{A}$ 正定，则 $\boldsymbol{B}$ 正定，反之亦然
相 似	若 $\boldsymbol{P}$ 为非奇异（可逆）矩阵，又 $\boldsymbol{A}=\boldsymbol{P}^{-1}\boldsymbol{BP}$ 则称 $\boldsymbol{A},\boldsymbol{B}$ 相似，记作 $\boldsymbol{A}\sim\boldsymbol{B}$	①$\boldsymbol{A}\sim\boldsymbol{A}$； ②若 $\boldsymbol{A}\sim\boldsymbol{B}$，则 $\boldsymbol{B}\sim\boldsymbol{A}$； ③若 $\boldsymbol{A}\sim\boldsymbol{B}$，$\boldsymbol{B}\sim\boldsymbol{C}$，则 $\boldsymbol{A}\sim\boldsymbol{C}$； ④若 $\boldsymbol{A}\sim\boldsymbol{B}$，则 $\|\boldsymbol{A}\|=\|\boldsymbol{B}\|$； ⑤若 $\boldsymbol{A},\boldsymbol{B}$ 非奇异，则 $\boldsymbol{A}^{-1}\sim\boldsymbol{B}^{-1}$； ⑥若 $\boldsymbol{A}_1\sim\boldsymbol{B}_1$，$\boldsymbol{A}_2\sim\boldsymbol{B}_2$，则 $\boldsymbol{A}_1+\boldsymbol{A}_2\sim\boldsymbol{B}_1+\boldsymbol{B}_2$，$k\boldsymbol{A}_1\sim k\boldsymbol{B}_1$，$f(\boldsymbol{A})\sim f(\boldsymbol{B})$ （$f(x)$为 x 的多项式）

（八）一些特殊矩阵对某些运算的保形性

A,B	$aA+bB$	A^{-1}	A^{T}	AB	$P^{-1}AP$	特征值
实对称阵	√	√	√	×	×	实　数
正交阵	×	√	√	√	×	$\|\lambda\|=\pm 1$
对角阵	√	√	√	√	×	$\lambda_i=d_{ii}$（d_{ii} 为对角元）
可逆矩阵	×	√	√	√	√	非　零
上(下)三角阵	√	√	下(上)	×	√	对角线元素

注　“√”表示该运算使矩阵保持原来特性，“×”表示不保持原来特性.

（九）矩阵的方幂

矩阵方幂计算大抵有两种方法：

(1)试算并总结规律，再用数学归纳法证明；

(2)利用相似矩阵性质.

三、向　　量

（一）线性空间

定义了加法与数乘的集合 L，对其中任意元素 $\boldsymbol{a},\boldsymbol{b}\in L$ 及数 λ,μ 均有：

(1) $\boldsymbol{a}+\boldsymbol{b}\in L$，$\lambda\boldsymbol{a}\in L$；

(2) $\boldsymbol{a}+\boldsymbol{b}=\boldsymbol{b}+\boldsymbol{a}$，有零元 $\boldsymbol{0}$，$\boldsymbol{a}$ 有负元 $-\boldsymbol{a}$；

(3) $(\lambda\mu)\boldsymbol{a}=\lambda(\mu\boldsymbol{a})$，$1\boldsymbol{a}=\boldsymbol{a}$；

(4) $(\lambda+\mu)\boldsymbol{a}=\lambda\boldsymbol{a}+\mu\boldsymbol{a}$，$\lambda(\boldsymbol{a}+\boldsymbol{b})=\lambda\boldsymbol{a}+\lambda\boldsymbol{b}$.

则称 L 为线性空间.

具体的线性空间：
- n 维向量空间（实、复向量空间记为 $\mathbf{R}^n,\mathbf{C}^n$）；
- $m\times n$ 阶矩阵空间（实、复矩阵空间记为 $\mathbf{R}^{m\times n},\mathbf{C}^{m\times n}$）；
- 函数空间；
- ……

（二）向量空间

1. 向量

n 个数 $a_1,a_2,\cdots,a_n$ 组成的有序数组 $(a_1,a_2,\cdots,a_n)$ 称为一个 n 维（行）向量，记 $\boldsymbol{\alpha}=(a_1,a_2,\cdots,a_n)$，其中 a_i 称为第 i 个分量. 有时我们也用列向量 $(a_1,a_2,\cdots,a_n)^{T}$ 表示.

2. 向量运算

若 n 维向量 $\boldsymbol{\alpha}=(a_1,a_2,\cdots,a_n)$，$\boldsymbol{\beta}=(b_1,b_2,\cdots,b_n)$，又 k 为数，则向量 $\boldsymbol{\alpha},\boldsymbol{\beta}$ 各种运算定义、记号等如下：

运　算	定　义	记　号
相等	$a_i=b_i(i=1,2,\cdots,n)$	$\boldsymbol{\alpha}=\boldsymbol{\beta}$
加法	$(a_1+b_1,\cdots,a_n+b_n)$	$\boldsymbol{\alpha}+\boldsymbol{\beta}$
数乘	$(ka_1,ka_2,\cdots,ka_n)$	$k\boldsymbol{\alpha}$
数积(内积)	$a_1b_1+a_2b_2+\cdots+a_nb_n$	$\boldsymbol{\alpha}\cdot\boldsymbol{\beta}$或$(\boldsymbol{\alpha},\boldsymbol{\beta})$

注　向量内积(又称数积)的性质：

①$(\boldsymbol{\alpha},\boldsymbol{\beta})=(\boldsymbol{\beta},\boldsymbol{\alpha})$；

②$(a\boldsymbol{\alpha}\pm b\boldsymbol{\beta},\boldsymbol{\gamma})=a(\boldsymbol{\alpha},\boldsymbol{\gamma})\pm b(\boldsymbol{\beta},\boldsymbol{\gamma})$；

③$(\boldsymbol{\alpha},\boldsymbol{\alpha})\geqslant 0$，且$(\boldsymbol{\alpha},\boldsymbol{\alpha})=0\Longleftrightarrow\boldsymbol{\alpha}=\mathbf{0}$；

④$|(\boldsymbol{\alpha},\boldsymbol{\beta})|\leqslant|\boldsymbol{\alpha}||\boldsymbol{\beta}|$，其中$|\boldsymbol{\alpha}|=\sqrt{(\boldsymbol{\alpha},\boldsymbol{\alpha})}$，$|\boldsymbol{\beta}|=\sqrt{(\boldsymbol{\beta},\boldsymbol{\beta})}$.(柯西不等式)

此外$(0,0,\cdots,0)$称为**零向量**，记作$\mathbf{0}$(或$\boldsymbol{\theta}$).

又$(-a_1,-a_2,\cdots,-a_n)$称为$(a_1,a_2,\cdots,a_n)=\boldsymbol{\alpha}$的**负向量**，记作$-\boldsymbol{\alpha}$.

n维向量对加法与数乘运算构成线性空间，常记成$\mathbf{R}^n$(实向量空间)或$\mathbf{C}^n$(复向量空间).

3. 线性相关与无关

线性组合与线性表出　若$\boldsymbol{\beta},\boldsymbol{\alpha}_1,\boldsymbol{\alpha}_2,\cdots,\boldsymbol{\alpha}_m$都是$n$维向量，且有常数$k_1,k_2,\cdots,k_m$使得

$$\boldsymbol{\beta}=\sum_{i=1}^{m}k_i\boldsymbol{\alpha}_i$$

则称$\boldsymbol{\beta}$为$\boldsymbol{\alpha}_1,\boldsymbol{\alpha}_2,\cdots,\boldsymbol{\alpha}_m$的线性组合，又称$\boldsymbol{\beta}$可由$\boldsymbol{\alpha}_1,\boldsymbol{\alpha}_2,\cdots,\boldsymbol{\alpha}_m$线性表出，记为

$$\boldsymbol{\beta}\leftarrow\{\boldsymbol{\alpha}_1,\boldsymbol{\alpha}_2,\cdots,\boldsymbol{\alpha}_m\}$$

又$\boldsymbol{\beta}\not\leftarrow\{\boldsymbol{\alpha}_1,\boldsymbol{\alpha}_2,\cdots,\boldsymbol{\alpha}_m\}$表示$\boldsymbol{\beta}$不能由向量组$\{\boldsymbol{\alpha}_1,\boldsymbol{\alpha}_2,\cdots,\boldsymbol{\alpha}_m\}$线性表示.

线性相关　对于向量$\boldsymbol{\alpha}_1,\boldsymbol{\alpha}_2,\cdots,\boldsymbol{\alpha}_m$来讲，若存在不全为零的实数$k_1,k_2,\cdots,k_m$使得

$$\sum_{i=1}^{m}k_i\boldsymbol{\alpha}_i=\mathbf{0}$$

则称向量$\boldsymbol{\alpha}_1,\boldsymbol{\alpha}_2,\cdots,\boldsymbol{\alpha}_n$线性相关；否则称线性无关.

极大线性无关组　向量组的部分向量满足：①部分组本身线性无关；②再添组内一个向量则部分组便线性相关，则称该部分组为极大线性无关组.

向量组的秩　极大无关组中向量的个数称为该向量组的秩.

求向量组的秩，常把它们先写成矩阵形式，再用初等变换求出矩阵的秩，它也恰为该向量组的秩.

等价向量组　已知两个向量组：

(Ⅰ)：$\boldsymbol{\alpha}_1,\boldsymbol{\alpha}_2,\cdots,\boldsymbol{\alpha}_s$或$\{\boldsymbol{\alpha}_1,\boldsymbol{\alpha}_2,\cdots,\boldsymbol{\alpha}_s\}$；

(Ⅱ)：$\boldsymbol{\beta}_1,\boldsymbol{\beta}_2,\cdots,\boldsymbol{\beta}_r$或$\{\boldsymbol{\beta}_1,\boldsymbol{\beta}_2,\cdots,\boldsymbol{\beta}_r\}$.

若(Ⅰ)→(Ⅱ)，且(Ⅱ)→(Ⅰ)，则称向组(Ⅰ)、(Ⅱ)等价，常记为(Ⅰ)≃(Ⅱ)或(Ⅰ)～(Ⅱ).

等价向量组有性质：

①等价的线性无关向量组所含向量个数相同；

②向量组与其极大线性无关组等价；

③等价向量组的秩相同.

向量组线性相关、无关的判定

若向量组：$\boldsymbol{\alpha}_i=(\alpha_{i1},\alpha_{i2},\cdots,\alpha_{in})^{\mathrm{T}}$，$i=1,2,\cdots,m$，又记$m\times n$矩阵

$$\mathbf{A}=(\boldsymbol{\alpha}_1,\boldsymbol{\alpha}_2,\cdots,\boldsymbol{\alpha}_n)$$

则有(有时亦写成行向量形式)它们线性相关性判定：

向量线性相关、线性无关的判定

向量线性相关判定	①$\boldsymbol{Ax}=\boldsymbol{0}$有非零解 $\boldsymbol{x}=(x_1,\cdots,x_m)^{\mathrm{T}}$； ②组中某一向量可由其他向量线性表出； ③多于 n 个的 n 维向量组； ④包含零向量的向量组； ⑤向量组中的部分向量线性相关，则该组向量(整体)线性相关； ⑥若向量组 $\boldsymbol{\alpha}_1,\boldsymbol{\alpha}_2,\cdots,\boldsymbol{\alpha}_r$ 可由 $\boldsymbol{\beta}_1,\boldsymbol{\beta}_2,\cdots,\boldsymbol{\beta}_s$ 线性表出，且 $r>s$，则 $\boldsymbol{\alpha}_1,\boldsymbol{\alpha}_2,\cdots,\boldsymbol{\alpha}_r$ 一定线性相关
向量线性无关判定	①$\boldsymbol{Ax}=\boldsymbol{0}$仅有零解； ②线性无关组的部分向量也线性无关； ③若 n 维向量组 $\boldsymbol{\alpha}_1,\boldsymbol{\alpha}_2,\cdots,\boldsymbol{\alpha}_s$ 线性无关，则在每个向量上添加 k 个分量，变成的 s 个 $n+k$ 维向量组后它们仍然线性无关； ④非零的正交向量组线性无关

克莱姆矩阵　若 $\boldsymbol{\alpha}_1,\boldsymbol{\alpha}_2,\cdots,\boldsymbol{\alpha}_n\in\mathbf{R}^n$，则

$$\boldsymbol{G}=\begin{pmatrix}(\alpha_1,\alpha_1) & (\alpha_1,\alpha_2) & \cdots & (\alpha_1,\alpha_m)\\(\alpha_2,\alpha_1) & (\alpha_2,\alpha_2) & \cdots & (\alpha_2,\alpha_m)\\ \vdots & \vdots & & \vdots\\(\alpha_m,\alpha_1) & (\alpha_m,\alpha_2) & \cdots & (\alpha_m,\alpha_m)\end{pmatrix}$$

称为向量组 $\boldsymbol{\alpha}_1,\boldsymbol{\alpha}_2,\cdots,\boldsymbol{\alpha}_m$ 的克莱姆矩阵. 可以证明：

命题　向量组 $\boldsymbol{\alpha}_1,\boldsymbol{\alpha}_2,\cdots,\boldsymbol{\alpha}_m$ 线性无关$\Leftrightarrow\boldsymbol{G}$ 非奇异(或$|\boldsymbol{G}|\neq0$).

4. 向量组的正交

对于两个 n 维向量 $\boldsymbol{\alpha}=(a_1,a_2,\cdots,a_n)^{\mathrm{T}}$，$\boldsymbol{\beta}=(b_1,b_2,\cdots,b_n)^{\mathrm{T}}$，若$(\boldsymbol{\alpha},\boldsymbol{\beta})=0$ 或 $\boldsymbol{\alpha}^{\mathrm{T}}\boldsymbol{\beta}=0$(若 $\boldsymbol{\alpha},\boldsymbol{\beta}$ 为行向量，则记 $\boldsymbol{\alpha}\boldsymbol{\beta}^{\mathrm{T}}=0$)，则称向量 $\boldsymbol{\alpha},\boldsymbol{\beta}$ 互相正交.

若向量组 $\boldsymbol{\alpha}_1,\boldsymbol{\alpha}_2,\cdots,\boldsymbol{\alpha}_s$ 中任意两向量都正交，则称该**向量组正交**. 正交向量组有性质：

①正交向量组中向量线性无关.

②零向量与任何向量都正交.

向量组正交化方法(施密特(Schmidt)正交化)

设 $\boldsymbol{\alpha}_1,\boldsymbol{\alpha}_2,\cdots,\boldsymbol{\alpha}_s$ 是一组线性无关向量：令

$$\boldsymbol{\beta}_1=\boldsymbol{\alpha}_1,\quad \boldsymbol{\beta}_i=\boldsymbol{\alpha}_i-\sum_{k=1}^{i-1}\frac{(\boldsymbol{\alpha}_i,\boldsymbol{\beta}_k)}{(\boldsymbol{\beta}_i,\boldsymbol{\beta}_k)}\boldsymbol{\beta}_k\quad(i=1,2,\cdots,s)$$

则 $\boldsymbol{\beta}_1,\boldsymbol{\beta}_2,\cdots,\boldsymbol{\beta}_s$ 是一组两两正交向量，且 $\boldsymbol{\alpha}_1,\boldsymbol{\alpha}_2,\cdots,\boldsymbol{\alpha}_s$ 与 $\boldsymbol{\beta}_1,\boldsymbol{\beta}_2,\cdots,\boldsymbol{\beta}_s$ 等价.

再令 $\boldsymbol{\gamma}_i=\dfrac{\boldsymbol{\beta}_i}{|\boldsymbol{\beta}_i|}(i=1,2,\cdots,s)$，则 $\boldsymbol{\gamma}_1,\boldsymbol{\gamma}_2,\cdots,\boldsymbol{\gamma}_s$ 为单位正交向量组.

若 $\boldsymbol{G}\in\mathbf{R}^{n\times n}$ 正定阵，又 $\boldsymbol{\alpha}_1,\boldsymbol{\alpha}_2,\cdots,\boldsymbol{\alpha}_m\in\mathbf{R}^n$，且 $\boldsymbol{\alpha}_i^{\mathrm{T}}\boldsymbol{G}\boldsymbol{\alpha}_j=0(i\neq j,1\leqslant i,j\leqslant n)$，则称 $\boldsymbol{\alpha}_1,\boldsymbol{\alpha}_2,\cdots,\boldsymbol{\alpha}_m$ 是 $\boldsymbol{G}$ 共轭的.

显然，当 $\boldsymbol{G}=\boldsymbol{I}$ 时，向量组共轭性等价于正交性. 容易证明：

命题　若 $\boldsymbol{\alpha}_1,\boldsymbol{\alpha}_2,\cdots,\boldsymbol{\alpha}_m$ 是 $\boldsymbol{G}$ 共轭向量组，则它们必线性无关.

5. 向量的长度

设向量 $\boldsymbol{\alpha}=(\alpha_1,\alpha_2,\cdots,\alpha_n)^{\mathrm{T}}$，则称 $\sqrt{(\boldsymbol{\alpha},\boldsymbol{\alpha})}=\sqrt{\alpha_1^2+\alpha_2^2+\cdots+\alpha_n^2}$ 为向量 $\boldsymbol{\alpha}$ 的长，且记为$|\boldsymbol{\alpha}|$.

长为 1 的向量称为**单位向量**.

任何非零向量均可单位化(又称法化、归一化、单位标准化)：$\boldsymbol{\alpha}_0=\dfrac{\boldsymbol{\alpha}}{|\boldsymbol{\alpha}|}$.

6. 基与坐标

若向量空间 L 中的任何向量 $\boldsymbol{x}$ 均可用 L 中一组线性无关向量 $\boldsymbol{\alpha}_1,\boldsymbol{\alpha}_2,\cdots,\boldsymbol{\alpha}_n$ 的线性组合表示

$$x=\lambda_1\boldsymbol{\alpha}_1+\lambda_2\boldsymbol{\alpha}_2+\cdots+\lambda_n\boldsymbol{\alpha}_n=\sum_{i=1}^{n}\lambda_i\boldsymbol{\alpha}_i$$

则称 $\boldsymbol{\alpha}_1,\boldsymbol{\alpha}_2,\cdots,\boldsymbol{\alpha}_n$ 为 L 的一组基,而$(\lambda_1,\lambda_2,\cdots,\lambda_n)$称为 $\boldsymbol{x}$ 关于基$(\boldsymbol{\alpha}_1,\boldsymbol{\alpha}_2,\cdots,\boldsymbol{\alpha}_n)$的坐标.

又 $\boldsymbol{e}_1=(1,0,\cdots,0),\boldsymbol{e}_2=(0,1,0,\cdots,0),\cdots,\boldsymbol{e}_n=(0,\cdots,0,1)$称为 n **维向量空间标准基**.

一般地,对于 L 的一组基 $\boldsymbol{\alpha}_1,\boldsymbol{\alpha}_2,\cdots,\boldsymbol{\alpha}_n$ 若满足:$(\boldsymbol{\alpha}_i,\boldsymbol{\alpha}_j)=\delta_{ij}\ (1\leqslant i,j\leqslant n)$,则称该基为**标准正交基**.其中

$$\delta_{ij}=\begin{cases}1, & i=j\\0, & i\neq j\end{cases}$$

为 Kronecker 符号.

(三)线性变换*

若 $\boldsymbol{x}\in L$(L 为线性空间),经某种运算 T 使 $T\boldsymbol{x}\in L$,且对于数 $\lambda,\mu\in\mathbf{R}$ 及 $\boldsymbol{y}\in L$ 总有 $T(\lambda\boldsymbol{x}+\mu\boldsymbol{y})=\lambda T\boldsymbol{x}+\mu T\boldsymbol{y}$,则称 T 为 L 上的**一个线性变换**.如

$$\boldsymbol{x}=\boldsymbol{C}\boldsymbol{y} \tag{$*$}$$

其中 $\boldsymbol{C}=(c_{ij})_{n\times n},\boldsymbol{x}=(x_1,x_2,\cdots,x_n)^{\mathrm{T}},\boldsymbol{y}=(y_1,y_2,\cdots,y_n)^{\mathrm{T}}$,就是 $\boldsymbol{x}$ 到 $\boldsymbol{y}$ 的一个线性变换.

若$|\boldsymbol{C}|\neq 0$,则称该变换为**可逆(或非退化)变换**,且此时有 $\boldsymbol{y}=\boldsymbol{C}^{-1}\boldsymbol{x}$.

当 $\boldsymbol{C}$ 是正交阵时,称该变换为**正交线性变换**,简称**正交变换**.

又若有由 $\boldsymbol{y}_1,\boldsymbol{y}_2,\cdots,\boldsymbol{y}_n$ 到 $\boldsymbol{z}_1,\boldsymbol{z}_2,\cdots,\boldsymbol{z}_n$ 的线性变换

$$\boldsymbol{y}=\boldsymbol{D}\boldsymbol{z} \tag{$**$}$$

其中 $\boldsymbol{D}=(d_{ij})_{n\times n},\boldsymbol{z}=(z_1,z_2,\cdots,z_n)^{\mathrm{T}}$,则

$$\boldsymbol{x}=\boldsymbol{C}\boldsymbol{y}=\boldsymbol{C}(\boldsymbol{D}\boldsymbol{z})=(\boldsymbol{C}\boldsymbol{D})\boldsymbol{z}$$

仍是一个线性变换,且称为线性变换($*$)与($**$)的积.

L 到 L 上(常记 $L\rightarrow L$)的线性变换 T,使 $T\boldsymbol{x}=\boldsymbol{0}$的 $\boldsymbol{x}$ 构成的子空间叫做**零空间**.

(四)向量、矩阵与线性方程组

向量是特殊的矩阵,因而研究向量问题一是可借用矩阵理论来处理,再者可将向量问题化为矩阵去解决.而线性空间理论是矩阵理论与线性方程组理论的结合与发展.

由于向量是一种特殊的矩阵,这样就为解向量问题提供了线索与方法,有时将这类问题化为矩阵问题讨论将是方便和有效的.

向量又与线性方程组问题有关联,所谓向量组线性相关性的讨论,常依线性方程理论去完成.

向量问题与矩阵理论、线性方程组问题关系如下:

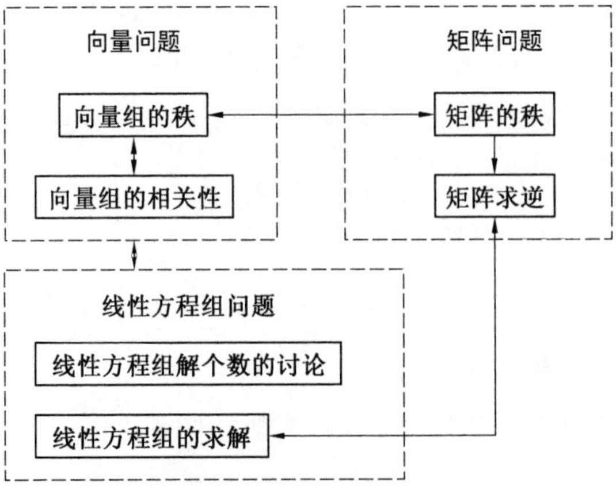

四、线性方程组

(一)线性方程组

线性齐次、非齐次方程组

若
$$A=\begin{pmatrix}\alpha_{11} & \alpha_{12} & \cdots & \alpha_{1n}\\ \alpha_{21} & \alpha_{22} & \cdots & \alpha_{2n}\\ \vdots & \vdots & & \vdots\\ \alpha_{m1} & \alpha_{m2} & \cdots & \alpha_{mn}\end{pmatrix},\quad x=\begin{pmatrix}x_1\\ x_2\\ \vdots\\ x_n\end{pmatrix},\quad b=\begin{pmatrix}b_1\\ b_2\\ \vdots\\ b_m\end{pmatrix}$$
则 $\boldsymbol{Ax}=\boldsymbol{b}$ 称为**线性方程组**,如果 $\boldsymbol{b}=\boldsymbol{0}$,则称为**齐次线性方程组**.

齐次线性方程组的基础解系 若 $\boldsymbol{x}_1,\boldsymbol{x}_2,\cdots,\boldsymbol{x}_s$ 是方程组 $\boldsymbol{Ax}=\boldsymbol{0}$ 的一组解,且满足:

①它们线性无关,②方程组任一解均可由它们的线性组合表出.

则 $\boldsymbol{x}_1,\boldsymbol{x}_2,\cdots,\boldsymbol{x}_s$ 称为该方程组的**基础解系**.

若秩 $\mathrm{r}(\boldsymbol{A})=s<n$,则齐次方程 $\boldsymbol{Ax}=\boldsymbol{0}$ 的基础解系中含 $n-s$ 个线性无关的解向量,其通解可由这些解向量的线性组合表出.

非齐次线性方程的导出组 齐次线性方程组 $\boldsymbol{Ax}=\boldsymbol{0}$ 称为非齐次线性方程组 $\boldsymbol{Ax}=\boldsymbol{b}$ 的**导出组**.

对于非齐次方程组 $\boldsymbol{Ax}=\boldsymbol{b}$ 的任一解均可表示为 $\boldsymbol{Ax}=\boldsymbol{b}$ 的一个特解与其导出组 $\boldsymbol{Ax}=\boldsymbol{0}$ 的某个解之和;而其通解为 $\boldsymbol{Ax}=\boldsymbol{b}$ 的一个特解与其导出组 $\boldsymbol{Ax}=\boldsymbol{0}$ 的基础解系的线性组合表出.

具体地讲如下:

线性方程组 $\boldsymbol{Ax}=\boldsymbol{b}$ 的解

方　程	解的判断	解的性质
线性齐次 $\boldsymbol{Ax}=\boldsymbol{0}$ (∗) 其中 $\boldsymbol{A}\in\mathbf{R}^{m\times n}$ $\boldsymbol{x}\in\mathbf{R}^{1\times n}$	①仅有 0 解 $\Longleftrightarrow \mathrm{r}(\boldsymbol{A})=n$. ②有非 0 解 $\Longleftrightarrow \mathrm{r}(\boldsymbol{A})<n$(若 $m=n$,则仅有 0 解 $\Longleftrightarrow \lvert\boldsymbol{A}\rvert\neq0$;又有非 0 解 $\Longleftrightarrow \lvert\boldsymbol{A}\rvert=0$). ③解空间(可构成向量空间)的维数为 $n-\mathrm{r}(\boldsymbol{A})$.	①若 $\boldsymbol{x}_1,\boldsymbol{x}_2$ 是方程的解,则 $k_1\boldsymbol{x}_1+k_2\boldsymbol{x}_2$ 亦是方程的解. ②若 $\mathrm{r}(\boldsymbol{A})=r$,则方程基础解系中含 $n-r$ 个解向量. ③若 $\boldsymbol{x}_1,\boldsymbol{x}_2,\cdots,\boldsymbol{x}_r$ 是方程的基础解系,则方程组的全部解是 $\sum\limits_{i=1}^{r}k_i\boldsymbol{x}_i$(又称其为通解),其中 k_i 是任意常数.
线性非齐次 $\boldsymbol{Ax}=\boldsymbol{b}$ (∗∗) 其中 $\boldsymbol{x}\in\mathbf{R}^{1\times n}$ $\boldsymbol{A}\in\mathbf{R}^{m\times n}$	①方程组有解 $\Longleftrightarrow \mathrm{r}(\boldsymbol{A})=\mathrm{r}(\bar{\boldsymbol{A}})$,其中 $\bar{\boldsymbol{A}}=(\boldsymbol{A},\boldsymbol{b})$ 称为 $\boldsymbol{A}$ 的增广矩阵. $\mathrm{r}(\boldsymbol{A})=\mathrm{r}(\bar{\boldsymbol{A}})=n$,方程组有唯一解; $\mathrm{r}(\boldsymbol{A})=\mathrm{r}(\bar{\boldsymbol{A}})<n$,方程组有无穷多组解; $\mathrm{r}(\boldsymbol{A})\neq\mathrm{r}(\bar{\boldsymbol{A}})$,方程组无解. ②若 $m=n$,则方程有解且解是 $x_i=\dfrac{D_i}{D}$,其中 $D=\lvert\boldsymbol{A}\rvert$,$D_i$ 是将 $\boldsymbol{A}$ 的第 i 列换成 $\boldsymbol{b}$ 后所得行列式的值(克莱姆规则). ③若 $m=n$,则方程有唯一解 $\Longleftrightarrow \boldsymbol{A}$ 非奇异(可逆),且有 $\boldsymbol{x}=\boldsymbol{A}^{-1}\boldsymbol{b}$. ④解不构成向量空间.	①若 $\boldsymbol{x}_1,\boldsymbol{x}_2$ 是方程(∗∗)的解,则 $\boldsymbol{x}_1-\boldsymbol{x}_2$ 是方程(∗)的解. ②若 $\boldsymbol{x}_1$ 是方程(∗)的解,又 $\boldsymbol{x}_2$ 是方程(∗∗)的解,则 $\boldsymbol{x}_1+\boldsymbol{x}_2$ 仍是方程(∗∗)的解. ③若 $\boldsymbol{x}_i\,(1\leqslant i\leqslant r)$ 是方程(∗∗)的解,则 $\sum\limits_{i=1}^{r}\lambda_i\boldsymbol{x}_i$ 亦是方程(∗∗)的解,其中 $\sum\limits_{i=1}^{r}\lambda_i=1$. ④ 若 $\boldsymbol{y}=\sum\limits_{i=1}^{s}k_i\boldsymbol{x}_i$ 是方程(∗)的通解,且 $\boldsymbol{x}_0$ 是方程(∗∗)的一个特解,则 $\boldsymbol{x}_0+\boldsymbol{y}$ 是方程(∗∗)的通解.

解齐次与非齐次线性方程组的步骤如下:

线性齐次方程组解法步骤

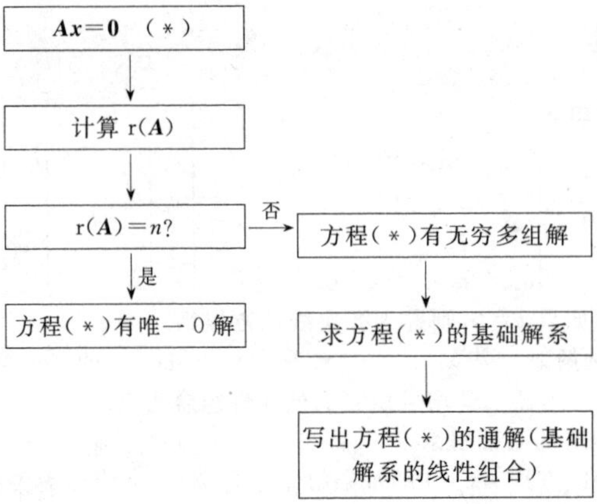

线性非齐次方程组解法步骤

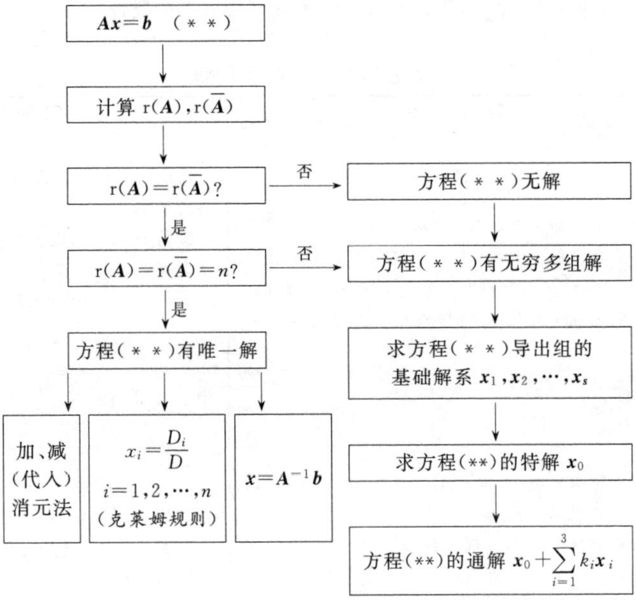

(二)线性方程组中的问题

线性方程组的问题有四:一是线性方程组解的判定问题(与矩阵问题有关);二是求解线性方程组(特解或通解);三是不同线性方程组的同解性;四是与向量空间及矩阵特征问题的关联(或应用).它们之间的关系如下:

矩阵的性质 —应用于→ 线性方程组
①解的判定问题
②求解线性方程组
③不同方程组的同解性
—应用→ 讨论向量空间中的问题
—应用→ 矩阵的特征（向量）问题

五、矩阵的特征值和特征向量

(一)矩阵的特征问题

1. 特征值与特征向量

若 $\boldsymbol{A}$ 是 n 阶矩阵，λ_0 是数，若存在非零列向量 $\boldsymbol{\alpha}$ 使 $\boldsymbol{A\alpha}=\lambda_0\boldsymbol{\alpha}$，则 λ_0 称为 $\boldsymbol{A}$ 的一个**特征值(根)**，$\boldsymbol{\alpha}$ 称为 $\boldsymbol{A}$ 的相应于 λ_0 的**特征向量**.

2. 特征多项式和特征方程

多项式 $f(\lambda)=|\boldsymbol{A}-\lambda\boldsymbol{I}|$ 称为 $\boldsymbol{A}$ 的特征多项式；$f(\lambda)=0$ 称为**特征方程**.

3. 特征值、特征向量的求法

计算特征多项式 $|\boldsymbol{A}-\lambda\boldsymbol{I}|$

↓

解特征方程求特征根 $|\boldsymbol{A}-\lambda\boldsymbol{I}|=0$

↓

由 $(\boldsymbol{A}-\lambda_i\boldsymbol{I})\boldsymbol{x}_i=\boldsymbol{0}(i=1,2,\cdots,n)$
求特征向量 $\boldsymbol{x}_i$(列向量)

盖尔(S. Gerschgorin)圆盘定理　若 $\boldsymbol{A}=(a_{ij})_{n\times n}$，则 $\boldsymbol{A}$ 的每个特征根至少位于一个以 a_{ii} 为中心，半径为 $\sum\limits_{j\neq i}|a_{ij}|$ 的圆盘中.

矩阵特征根的性质：

① 若 $\lambda_i(i=1,2,\cdots,n)$ 为 $\boldsymbol{A}=(a_{ij})_{n\times n}$ 的特征根，则 $\sum\limits_{i=1}^{n}\lambda_i=\sum\limits_{i=1}^{n}a_{ii}=\mathrm{tr}(\boldsymbol{A})$，且 $\prod\limits_{i=1}^{n}\lambda_i=|\boldsymbol{A}|$.

② 若 $\lambda_1\leqslant\lambda_2\leqslant\lambda_3\cdots\leqslant\lambda_n$ 是 n 阶实对称阵 $\boldsymbol{A}$ 的 n 个特征根(值)，则

$$\lambda_1=\min_{x\neq 0}\frac{\boldsymbol{x}^{\mathrm{T}}\boldsymbol{Ax}}{\boldsymbol{x}^{\mathrm{T}}\boldsymbol{x}},\lambda_n=\max_{x\neq 0}\frac{\boldsymbol{x}^{\mathrm{T}}\boldsymbol{Ax}}{\boldsymbol{x}^{\mathrm{T}}\boldsymbol{x}}$$

其中 $\dfrac{\boldsymbol{x}^{\mathrm{T}}\boldsymbol{Ax}}{\boldsymbol{x}^{\mathrm{T}}\boldsymbol{x}}$ 称为 Rayleigh 商.

命题 1　若 $\boldsymbol{A},\boldsymbol{B}$ 均为 n 阶实对称矩阵. 又 $\boldsymbol{A}$ 的特征根全大于 a，$\boldsymbol{B}$ 的特征根全大于 b，则 $\boldsymbol{A}+\boldsymbol{B}$ 的特征根全大于 $a+b$.

命题 2　若 $\boldsymbol{A},\boldsymbol{B}$ 皆为 n 阶实对称阵，又 $\boldsymbol{A}$ 的特征值在区间 $[a,b]$ 上，$\boldsymbol{B}$ 的特征值在区间 $[c,d]$ 上，则 $\boldsymbol{A}+\boldsymbol{B}$ 的特征值在区间 $[a+c,b+d]$ 上.

4. 矩阵化为对角型

若矩阵 $\boldsymbol{A}$ 有 n 个线性无关的特征向量 $\boldsymbol{x}_1,\boldsymbol{x}_2,\cdots,\boldsymbol{x}_n$，记 $\boldsymbol{X}=(\boldsymbol{x}_1,\boldsymbol{x}_2,\cdots,\boldsymbol{x}_n)$，则

$$\boldsymbol{X}^{-1}\boldsymbol{AX}=\mathrm{diag}\{\lambda_1,\lambda_2,\cdots,\lambda_n\}$$

其中 $\lambda_i(i=1,2,\cdots,n)$ 为 $\boldsymbol{A}$ 相应于 $\boldsymbol{x}_i$ 的特征值.

注 1　结论的条件是充要(充分必要)的.

注 2　若 $\boldsymbol{A}$ 可对角化，则矩阵 $\boldsymbol{A}$ 的秩 $\mathrm{r}(\boldsymbol{A})$ 等于其特征根中非 0 特征根个数，否则不一定相等. 如矩

阵$\begin{pmatrix}0 & 1\\0 & 0\end{pmatrix}$特征根皆为 0，但它的秩为 1.

5.（凯莱—哈密顿定理）*

定理　若 $\boldsymbol{A}\in\mathbf{R}^{n\times n}$，又 $f(\lambda)=\det(\boldsymbol{A}-\lambda\boldsymbol{I})$，则 $f(\boldsymbol{A})=\boldsymbol{O}$.

关于矩阵乘积的特征多项式问题可有：

命题　若 $\boldsymbol{A}\in\mathbf{R}^{m\times n}$，$\boldsymbol{B}\in\mathbf{R}^{n\times m}$，试证：$\boldsymbol{AB}$ 的特征多项式 $f_{\boldsymbol{AB}}(\lambda)$ 和 $\boldsymbol{BA}$ 的特征多项式 $f_{\boldsymbol{BA}}(\lambda)$ 满足 $\lambda^n f_{\boldsymbol{AB}}(x)=\lambda^m f_{\boldsymbol{BA}}(\lambda)$.

与上等价的叙述是：

命题　若 $\boldsymbol{A}\in\mathbf{R}^{m\times n}$，$\boldsymbol{B}\in\mathbf{R}^{n\times m}$，这里 $m\leqslant n$. 在考虑重数时，$\boldsymbol{AB}$ 与 $\boldsymbol{BA}$ 的非零特征值相同.

6. 特征向量的性质

①属于不同特征值的特征向量线性无关；

②属于同一特征值的特征向量的线性组合仍属于该特征值的特征向量；

③属于不同特征值的特征向量 $\boldsymbol{\alpha}$，$\boldsymbol{\beta}$ 之和 $\boldsymbol{\alpha}+\boldsymbol{\beta}$ 不是其特征向量.

（二）实对称矩阵的特征问题

①实对称矩阵的特征根（值）都是实根；

②属于不同特征值的特征向量彼此正交；

③实对称矩阵有 n 个线性无关的特征向量.

（三）实对称矩阵的正交相似

定理　任何实对称矩阵 $\boldsymbol{A}$，总可找到一个正交矩阵 $\boldsymbol{T}$ 使

$$\boldsymbol{T}^{-1}\boldsymbol{AT}=\boldsymbol{T}^{\mathrm{T}}\boldsymbol{AT}=\mathrm{diag}\{\lambda_1,\lambda_2,\cdots,\lambda_n\}$$

其中 $\lambda_i(i=1,2,\cdots,n)$ 是 $\boldsymbol{A}$ 的 n 个特征值（$\boldsymbol{A}$ 与对角阵合同）.

系理　实对称矩阵可以相似于对角阵（称其可对角化）.

矩阵与对角形矩阵相似（矩阵可对角化）的某些结果及关系

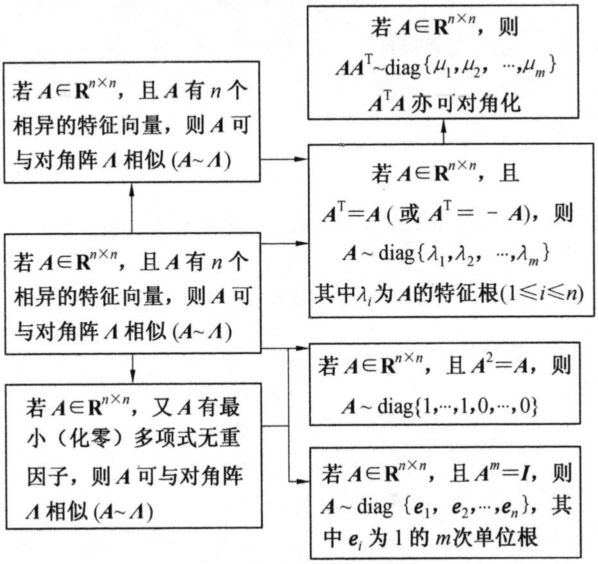

(四)相似矩阵的性质

若矩阵 $\boldsymbol{A},\boldsymbol{B}$ 相似,即 $\boldsymbol{A}\sim\boldsymbol{B}$,则有下列性质:

①$\boldsymbol{A}^{\mathrm{T}}\sim\boldsymbol{B}^{\mathrm{T}}$;

②又若 $\boldsymbol{A},\boldsymbol{B}$ 可逆,则 $\boldsymbol{A}^{-1}\sim\boldsymbol{B}^{-1}$;

③行列式 $|\boldsymbol{A}|=|\boldsymbol{B}|$;

④$f(\boldsymbol{A})\sim f(\boldsymbol{B})$,其中 $f(x)$ 为 x 的多项式($f(\boldsymbol{A}),f(\boldsymbol{B})$ 为矩阵多项式),且 $|f(\boldsymbol{A})|=|f(\boldsymbol{B})|$;

⑤秩 $\mathrm{r}(\boldsymbol{A})=\mathrm{r}(\boldsymbol{B})$;

⑥特征多项式 $|\lambda\boldsymbol{I}-\boldsymbol{A}|=|\lambda\boldsymbol{I}-\boldsymbol{B}|$;

⑦迹 $\mathrm{tr}(\boldsymbol{A})=\mathrm{tr}(\boldsymbol{B})$;

⑧又若 $\boldsymbol{A}\sim\boldsymbol{C}$,则 $\boldsymbol{B}\sim\boldsymbol{C}$.

实对称矩阵正交相似的正交矩阵求法

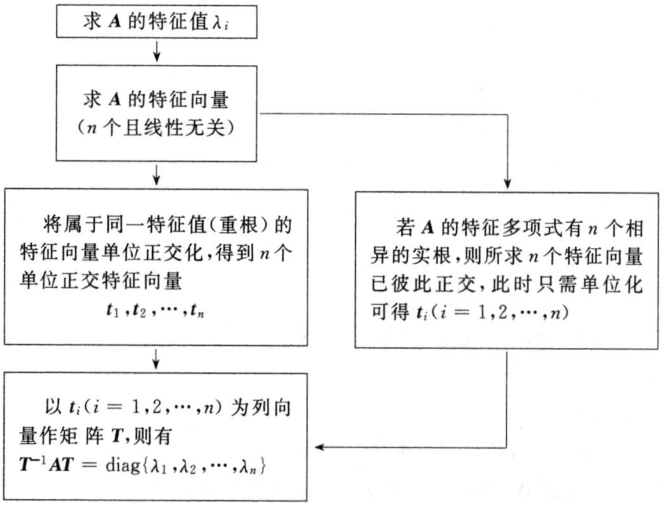

矩阵特征问题有二:一是其特征值(根)问题,二是其特向量问题,前者涉及特征多项式,无非是行列式知识的应用;后者涉及线性方程组的求解理论及方法.

此外,由此可引发矩阵对角化的讨论,进而会涉及矩阵的分解问题.

矩阵特征问题与行列式、线性方程组关系

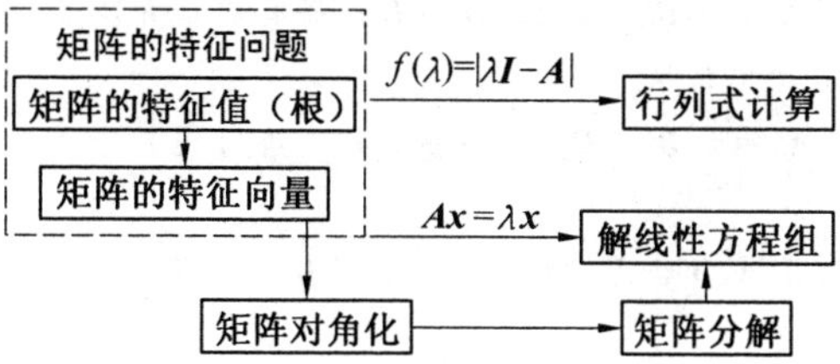

下面给定矩阵某些运算的特征值和特征向量.

矩阵某些运算的特征值和特征向量

矩阵	A	kA	A^m	$f(A)$	A^{-1}	A^*	A^T	$P^{-1}AP$
特征值	λ	$k\lambda$	λ^m	$f(\lambda)$	$\frac{1}{\lambda}$	$\frac{\lvert A\rvert}{\lambda}$	λ	λ
特征向量	x	x	x	x	x	x	待定	$P^{-1}x$

几种特殊矩阵的某些性质及特征根的形状

矩阵种类	矩阵性质	特征根
幂零阵($A^k=O$)	①$A\pm I$ 非奇异(即可逆或满秩) ②若 $A^k=O$,且 $A\neq O$,则 A 不相似于对角阵	全为 0
幂幺阵($A^k=I$)	均可相似于对角阵	k 次单位根
对合阵($A^2=I$)	①皆可相似于对角阵 ②$r(I-A)+r(I+A)=n$	± 1
反对称阵	①$I\pm A$ 非奇异(可逆) ②特征根全为 $0\Longleftrightarrow A=O$	0 或纯虚数
幂等阵($A^2=A$)	①皆可相似于对角阵 ②$r(I-A)+r(A)=n$	0 或 1
正交矩阵	①$\lvert A\rvert=\pm 1$,且若 $\lvert A\rvert=-1$,则 A 有特征根 -1; 若 A 为奇数阶,且 $\lvert A\rvert=1$,则 A 有特征根 1 ②若 λ 是 A 的特征根,则 λ^{-1} 亦为其特征根	$\lVert\lambda\rVert=1$

(五)两矩阵同时对角化*

命题 1 若 $A,B\in R^{n\times n}$,又 $A^k=B^k=I$,且 $AB=BA$,则有非奇异阵 P 使 PAP^{-1} 和 PBP^{-1} 同时对角化,且对角线上元素为 1 的 k 次单位根.

命题 2 若 $A,B\in R^{n\times n}$,$A^2=A$,$B^2=B$,又 $AB=BA$,则有可逆矩阵 P 使 PAP^{-1} 和 PBP^{-1} 同时对角化.

命题 3 若 $A,B\in R^{n\times n}$,且 A,B 皆为对称阵,又 $AB=BA$,则有可逆阵 P 使 PAP^{-1},PBP^{-1} 同时对角化.

关于两矩阵(其中之一为正定阵,另一为对称阵)同时化为对角形问题还有下面结论:

命题 4 若 A 是 n 阶正定矩阵,B 是 n 阶实对称阵,则必有非奇异阵 P 使

$$P^TAP=I,P^TBP=\mathrm{diag}\{\mu_1,\mu_2,\cdots,\mu_n\}$$

其中,$\mu_1,\mu_2,\cdots,\mu_n$ 是 $\lvert\mu A-B\rvert=0$ 的 n 个实根.

六、二次型

(一)二次型(二次齐式)

1. 二次型及其矩阵表示

二次型　常系数 n 元二次齐次多项式 $f(x_1,x_2,\cdots,x_n)=\sum\limits_{i=1}^{n}\sum\limits_{j=1}^{n}a_{ij}x_ix_j$ 称为二次型或二次齐式，其中 $a_{ij}=a_{ji}$.

若令 $\boldsymbol{A}=(a_{ij})_{n\times n}$，$\boldsymbol{x}^{\mathrm{T}}=(x_1,x_2,\cdots,x_n)$，则二次型可表示为

$$f(x_1,x_2,\cdots,x_n)=\boldsymbol{x}^{\mathrm{T}}\boldsymbol{A}\boldsymbol{x} \qquad (*)$$

上面式(*)称为**二次型的矩阵形式**，$\boldsymbol{A}$ 称为二次型的矩阵. 显然 $\boldsymbol{A}^{\mathrm{T}}=\boldsymbol{A}$，即 $\boldsymbol{A}$ 是实对称矩阵.

2. 二次型化为标准形

由对称矩阵 $\boldsymbol{A}$ 有性质

$$\boxed{\text{对称矩阵 }\boldsymbol{A}}\begin{cases}\xrightarrow{\text{有非奇异阵 }\boldsymbol{P}}\boldsymbol{P}^{\mathrm{T}}\boldsymbol{A}\boldsymbol{P}=\mathrm{diag}\{1,\cdots,1,-1,\cdots,-1,0,\cdots,0\}\\ \xrightarrow{\text{有正交阵 }\boldsymbol{T}}\boldsymbol{T}^{-1}\boldsymbol{A}\boldsymbol{T}=\boldsymbol{T}^{\mathrm{T}}\boldsymbol{A}\boldsymbol{T}=\mathrm{diag}\{\lambda_1,\lambda_2,\cdots,\lambda_n\}\end{cases}$$

故对于二次型可有

$$\boxed{\text{二次型 }f}\begin{cases}\xrightarrow[\text{线性变换}]{\text{非奇异}}y_1^2+y_2^2+\cdots+y_s^2-y_{s+1}^2-\cdots-y_{s+t}^2\text{(规范式)}\\ \xrightarrow[\text{线性变换}]{\text{正　交}}\lambda_1y_1^2+\lambda_2y_2^2+\cdots+\lambda_ny_n^2\text{(标准形)}\end{cases}$$

惯性定律　二次型经非退化线性变换化为规范式 $y_1^2+\cdots+y_s^2-y_{s+1}^2-\cdots-y_{s+t}^2$ 是唯一的，对二次型来讲它的规范式中正、负惯性指标 s,t 是定数.

而 $s-t$ 称为二次型 f 的符号差.

3. 二次型化为标准形的方法

①**配方法**　若二次型含有 x_i 的平方项，则把含 x_i 的项集中后配成完全平方项，如此逐个配方.

若二次型无 x_i 的平方项，但 $a_{ij}\neq 0(i\neq j)$，可作(非奇异)变换(即 $\boldsymbol{y}=\boldsymbol{P}\boldsymbol{x}$，其中 $\boldsymbol{P}$ 可逆)

$$\begin{cases}x_i=y_i-y_j\\ x_j=y_i+y_j\\ x_k=y_k(k\neq i,j;k=1,2,\cdots,n)\end{cases}$$

则将化二次为含有平方项的二次齐式，再按前面办法配方.

②**初等变换法**

$$\begin{pmatrix}\boldsymbol{A} & \boldsymbol{I}\\ \boldsymbol{I} & \boldsymbol{O}\end{pmatrix}\xrightarrow[\text{进行同样初等变换}]{\text{对行且对列}}\begin{pmatrix}\boldsymbol{P}^{\mathrm{T}}\boldsymbol{A}\boldsymbol{P} & \boldsymbol{P}^{\mathrm{T}}\\ \boldsymbol{P} & \boldsymbol{O}\end{pmatrix}$$

则 $\boldsymbol{P}^{\mathrm{T}}\boldsymbol{A}\boldsymbol{P}$ 可以化为对角形矩阵(注意这里是合同变换).

③**特征向量法**　这是常用的方法，只需注意到“对称矩阵的相应于不同特征值的特征向量正交”的事实即可.

下面给出化二次型矩阵为典式(规范式或标准式)的具体步骤及方法.

化二次型为典式的诸方法程序框图

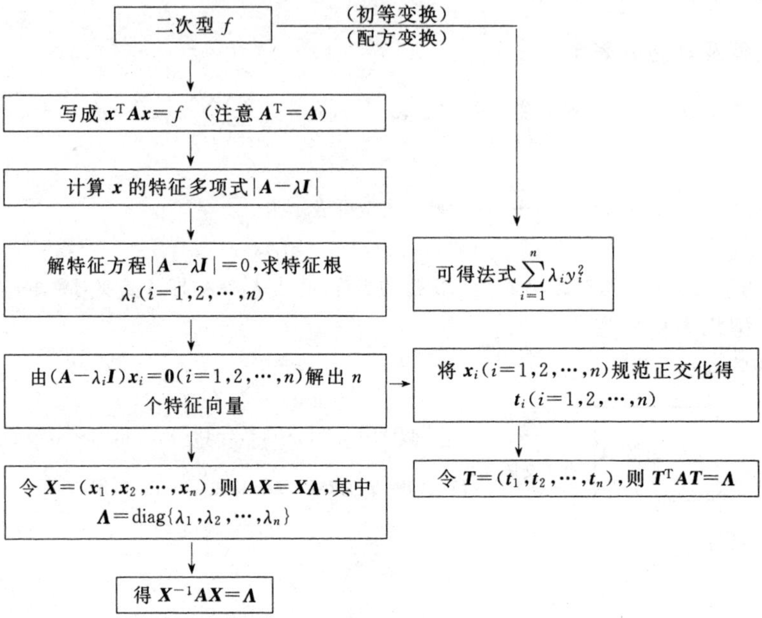

④**雅可比法** 若二次型 $f=\sum_{i=1}^{n}\sum_{j=1}^{n}a_{ij}x_ix_j$ 的矩阵 $\boldsymbol{A}=(a_{ij})_{n\times n}$,又 $\boldsymbol{A}$ 的顺序主子式 $|\boldsymbol{A}_i|\neq 0,i=1,2,\cdots,n-1$,则 f 可化为

$$|\boldsymbol{A}_1|\,{y_1}^2+\sum_{k=2}^{n}\frac{|\boldsymbol{A}_k|}{|\boldsymbol{A}_{k-1}|}{y_k}^2$$

注意若对于某个 k 来讲 $|\boldsymbol{A}_{k-1}|\neq 0,|\boldsymbol{A}_k|=0$,则 ${y_k}^2$ 项系数为 0.

当然,若先将 $\boldsymbol{A}$ 通过行初等变换化为三角阵,则计算更为简便.

(二)正定二次型

各类二次型(正定、半正定、负定、半负定和不定)及判定如下:

各类二次型及判定

定义			惯性指标	$\boldsymbol{A}$ 的各级主子式	$\boldsymbol{A}$ 的特征值	矩阵 $\boldsymbol{A}$
$\boldsymbol{A}\in\mathbf{R}^{n\times n}$,对任意 $\boldsymbol{x}\in\mathbf{R}^n$,且 $\boldsymbol{x}\neq\boldsymbol{0}$,若 $f=\boldsymbol{x}^{\mathrm{T}}\boldsymbol{A}\boldsymbol{x}$	>0	正定	$s=n$	$\boldsymbol{A}_k>0$	$\lambda_i>0$ $(i=1,2,\cdots,n)$	正定阵
	$\geqslant 0$	半正定(非负)	$s<n$ $t=0$	$\boldsymbol{A}_k\geqslant 0$	$\lambda_i\geqslant 0$ $(i=1,2,\cdots,n)$	半正定阵
	<0	负定	$t=n$	$(-1)^k\boldsymbol{A}_k<0$	$\lambda_i<0$ $(i=1,2,\cdots,n)$	负定阵
	$\leqslant 0$	半负定(非正)	$t<n$ $s=0$	$(-1)^k\boldsymbol{A}_k\leqslant 0$	$\lambda_i\leqslant 0$ $(i=1,2,\cdots,n)$	半负定阵
	不定	不定	$s\neq 0$ $t\neq 0$	$\boldsymbol{A}_k$ 符号不定	λ_i 有正有负 $(i=1,2,\cdots,n)$	不定阵

(三)正定矩阵的性质

① 若 $\boldsymbol{A}$ 正定，则 $\boldsymbol{A}$ 的顺序主子式 $A_{ii}>0(i=1,2,\cdots,n)$.

② 若 $\boldsymbol{A}$ 正定，则 $\boldsymbol{A}$ 的特征根全部为正值.

③ 若 $\boldsymbol{A},\boldsymbol{B}$ 为正定阵，则 $\boldsymbol{A}+\boldsymbol{B}$ 亦为正定阵；又若 $\boldsymbol{AB}=\boldsymbol{BA}$，则 $\boldsymbol{AB}$ 亦为正定阵.

④ 若 $\boldsymbol{A}$ 为正定阵，则 $\boldsymbol{A}^{\mathrm{T}},\boldsymbol{A}^{*},\boldsymbol{A}^{-1},\boldsymbol{A}^{m}$($m$ 为正整数)，$l\boldsymbol{A}(l>0)$等皆为正定阵.

⑤ 若 $\boldsymbol{A}$ 为正定阵，则有满秩阵 $\boldsymbol{C}$ 使 $\boldsymbol{A}=\boldsymbol{C}^{\mathrm{T}}\boldsymbol{C}$.

⑥ 若 $\boldsymbol{A}$ 为正定阵，则有正定阵 $\boldsymbol{B}$ 使 $\boldsymbol{A}=\boldsymbol{B}^2$.

⑦ 若正定矩阵 $\boldsymbol{A}=(a_{ij})_{n\times n}$，则 $\det\boldsymbol{A}\leqslant\prod\limits_{i=1}^{n}a_{ii}$，等号仅当 $\boldsymbol{A}$ 为对角阵时成立.

注　对于一般矩阵有：若 $\boldsymbol{A}=(a_{ij})_{n\times n}$，则 $|\det\boldsymbol{A}|\leqslant\sqrt{\prod\limits_{i=1}^{n}\sum\limits_{j=1}^{n}a_{ij}^2}$，并且 $|\det\boldsymbol{A}|\leqslant\sqrt{\prod\limits_{j=1}^{n}\sum\limits_{i=1}^{n}a_{ij}^2}$ (Hadamard 不等式).

更一般地，若 $\boldsymbol{A}$ 为复数元矩阵(复阵) $\boldsymbol{A}=(a_{ij})_{n\times n}$，则

$$|\boldsymbol{A}|^2\leqslant\prod_{i=1}^{n}s_{ii}$$

其中 $s_{ik}=\sum\limits_{j=1}^{n}a_{ij}\overline{a}_{kj}$ 这里 $\overline{a}_{kj}$ 为 a_{kj} 的共轭.

(四)二次型标准化与二次曲线、二次曲面分类

二次曲线

$$ax^2+bxy+cy^2+dx+ey+f=0 \tag{*}$$

系数组成的三个行列式

$$\eta=a+c,\quad \delta=\begin{vmatrix} b & 2a \\ 2c & b \end{vmatrix},\quad \Delta=\begin{vmatrix} 2a & b & d \\ b & 2c & e \\ d & e & 2f \end{vmatrix}$$

决定着曲线的性状. 且 η,δ 与 Δ 是曲线经平移或旋转变换下的不变量，又 $\kappa=d^2+e^2-4af-4cf$ 是曲线在旋转变换下的不变量，但在平移变换时会变化，故称其为半不变量. 由它们可将二次曲线分类，具体的平面二次曲线分类可见下表：

平面二次曲线分类表

型　别	判定条件		类　别	简化后方程
$\delta>0$ (椭圆型)	$\Delta\neq0$	$\eta\Delta<0$	椭　圆	$a'x_1^2+c'y_1^2=\dfrac{\Delta}{2\delta}$ $b>$(或$<$)0 时，$a'>$(或$<$)c' a',c' 是 $\lambda^2-\eta\lambda-\dfrac{\delta}{4}=0$ 的根
		$\eta\Delta>0$	虚椭圆	
	$\Delta=0$		点椭圆	
$\delta<0$ (双曲型)	$\Delta\neq0$		双曲线	
	$\Delta=0$		两相交直线	

续表

型别	判定条件		类别	简化后方程
$\delta=0$（抛物型）	$\Delta\neq 0$		抛物线	$\eta y_2^2\pm\sqrt{-\frac{\Delta}{2\eta}}x_2=0\quad(b<0)$
	$\Delta=0$	$\kappa>0$	两平行直线	$\eta y_2^2-\frac{\kappa}{4\eta}=0\quad(b<0)$
		$\kappa=0$	两重合直线	
		$\kappa<0$	两虚直线	

此外，从线性代数分支中二次型观点看，对于平面曲线 $\boldsymbol{x}^{\mathrm{T}}\boldsymbol{A}\boldsymbol{x}=0$（注意此时 $\boldsymbol{x}=(x,y,1)^{\mathrm{T}}$），可依其系数矩阵

$$\boldsymbol{A}=\frac{1}{2}\begin{pmatrix}2a & b & d\\ b & 2c & 3\\ d & e & 2f\end{pmatrix}$$

特征根符号的情况，通过正交变换也可化为下面九种曲线之一：

①椭圆：$\frac{x^2}{\lambda^2}+\frac{y^2}{\mu^2}-1=0$；　②虚椭圆：$\frac{x^2}{\lambda^2}+\frac{y^2}{\mu^2}+1=0$；

③点圆：$\frac{x^2}{\lambda^2}+\frac{y^2}{\mu^2}=0$；　④双曲线：$\frac{x^2}{\lambda^2}-\frac{y^2}{\mu^2}-1=0$；

⑤两条直线：$\frac{x^2}{\lambda^2}-\frac{y^2}{\mu^2}=0$；　⑥抛物线：$x^2-2py=0$；

⑦两条平行直线：$x^2-\mu^2=0$；　⑧两条平行虚直线：$x^2+\mu^2=0$；

⑨两条重合直线：$x^2=0$.

其中，λ,μ,p 皆为正整数，且 $\lambda\geqslant\mu$. 这里 $k\lambda,k\mu(k\neq 0)$ 即为二次曲线（二次型）相应矩阵 $\boldsymbol{A}$ 的特征根.

再强调一下：这里 $\boldsymbol{A}$ 系下面的向量、矩阵写法里的矩阵

$$(x,y,1)\boldsymbol{A}(x,y,1)^{\mathrm{T}}=0$$

此外，空间二次面，若 $f(x_1,x_2,x_3)=\boldsymbol{x}^{\mathrm{T}}\boldsymbol{A}\boldsymbol{x}$，这里 $\boldsymbol{x}\in\mathbf{R}^3$，$\boldsymbol{A}\in\mathbf{R}^{3\times 3}$，且 $\boldsymbol{A}^{\mathrm{T}}=\boldsymbol{A}$，则 $f(x_1,x_2,x_3)=1$ 或 0 时，二次曲面依 $\boldsymbol{A}$ 的特征值符号分类如下：

$\boldsymbol{A}$ 的三个特征值符号	$f(x_1,x_2,x_3)=1$	$f(x_1,x_2,x_3)=0$
$+++$	椭球面	点
$---$	虚椭球面	点
$++-$	单叶双曲面	二次锥面
$+--$	双叶双曲面	二次锥面
$++0$	椭圆柱面	直线
$+-0$	双曲柱面	一对相交平面

对于 n 维欧几里得空间二次型即为二次超曲面，二次型通过坐标变换化为标准形，即是化成超曲面的标准形. 一般来讲二次超曲面方程由

$$\boldsymbol{x}^{\mathrm{T}}\boldsymbol{A}\boldsymbol{x}+2\boldsymbol{\alpha}^{\mathrm{T}}\boldsymbol{x}+a=(\boldsymbol{x},1)\widetilde{\boldsymbol{A}}(\boldsymbol{x},1)^{\mathrm{T}}=0 \qquad (*)$$

给出，其中 $\widetilde{\boldsymbol{A}}=\begin{pmatrix}\boldsymbol{A} & \boldsymbol{\alpha}^{\mathrm{T}}\\ \boldsymbol{\alpha} & a\end{pmatrix}$ 为 $n+1$ 阶实对称阵.

记 $\delta(\boldsymbol{A})$ 表示 $\boldsymbol{A}$ 的正、负特征根个数之差，且 $\mathrm{r}(\boldsymbol{A})=r$，$\mathrm{r}(\widetilde{\boldsymbol{A}})=\tilde{r}$，$\delta(\boldsymbol{A})=t$，$\delta(\widetilde{\boldsymbol{A}})=\tilde{t}$.

设 $t>0$ 或 $t=0$，$\tilde{t}\geqslant 0$，则 $\tilde{r}=r$ 或 $\tilde{r}=r+1$ 或 $\tilde{r}=r+2$，且 $t=\tilde{t}$ 或 $t=\tilde{t}\pm 1$.

则二次超曲面化成各类标准形依下表结论：

二次超曲面化为标准形形状表*

<table>
<tr><th colspan="2">条　件</th><th>标准形形状</th></tr>
<tr><td colspan="2">$\tilde{r}=r$ 或 $\tilde{t}=t$</td><td>$y_1^2+y_2^2+\cdots+y_p^2-y_{p+1}^2-\cdots-y_r^2=0$
其中　$p=\frac{1}{2}(r+t)$</td></tr>
<tr><td rowspan="2">$\tilde{r}=r+1$</td><td>$\tilde{t}=t+1$</td><td>$y_1^2+y_2^2+\cdots+y_q^2-y_{q+1}^2-\cdots-y_r^2-1=0$
其中　$q=\frac{1}{2}(r-t)\leqslant\frac{r}{2}$</td></tr>
<tr><td>$\tilde{t}=t-1(t\geqslant 1)$</td><td>$y_1^2+y_2^2+\cdots+y_q^2-y_{q+1}^2-\cdots-y_r^2-1=0$
其中　$q=\frac{1}{2}r-t>\frac{r}{2}$</td></tr>
<tr><td colspan="2">$\tilde{r}=r+2,\tilde{t}=t$</td><td>$y_1^2+y_2^2+\cdots+y_p^2-y_{p+1}^2-\cdots-y_r^2+2y_n=0$
其中　$q=\frac{1}{2}(r-t)$</td></tr>
</table>

二次型常涉及两类问题：

一是二次型化为标准形；

二是二次型正定性判别.

二次型化为标准形常与矩阵特征问题或矩阵对角化问题有关联；而二次型的正定性问题与矩阵正定性判别是互通的，或者可将它们视为同一问题的不同提法或表现形式. 矩阵特征问题与行列式性质等，将是处理这一问题的手段.

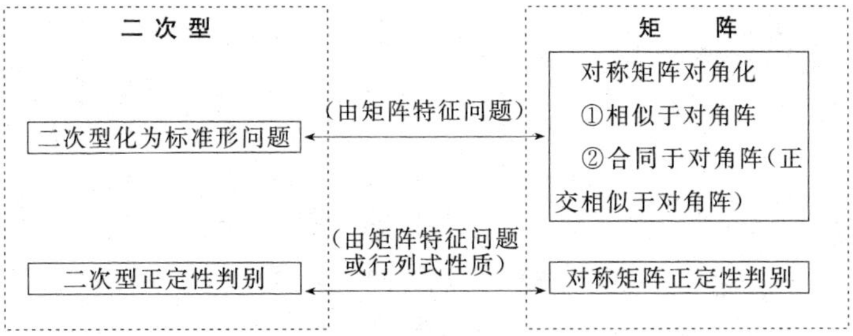

(五)矩阵分解

矩阵分解成一些矩阵(多为特殊矩阵)的乘积，对于讨论矩阵性质和计算往往是方便的. 下面是矩阵分解的一些结果.

矩阵分解的一些关系和结果*

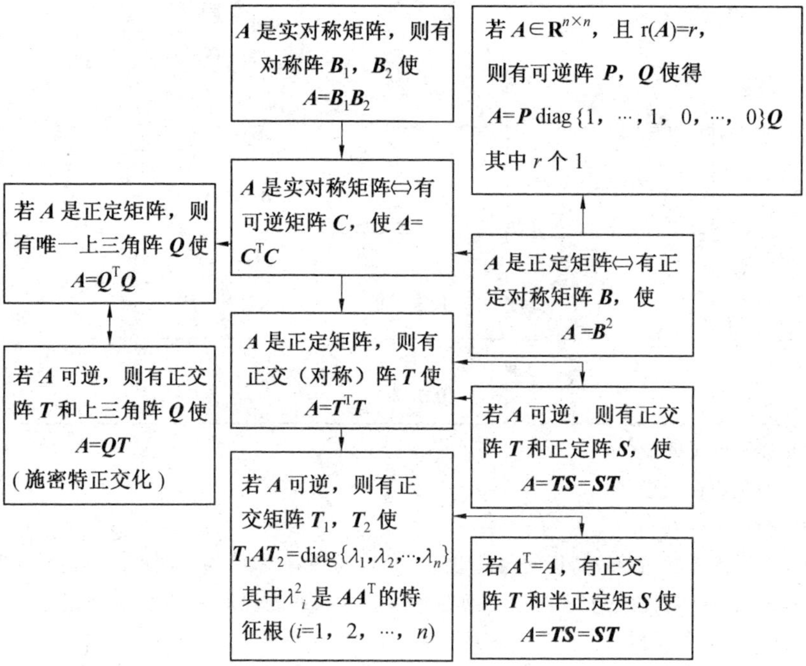

(六)与正定矩阵有关的不等式问题

①若$\boldsymbol{a}_i\in\mathbf{R}^n$，且$\boldsymbol{a}_i^{T}\boldsymbol{a}_i=1$，又$\mathbf{A}=(\boldsymbol{a}_1,\boldsymbol{a}_2,\cdots,\boldsymbol{a}_n)$为$n$阶矩阵，则$|\det\mathbf{A}|\leqslant1$，且等号当且仅当$\boldsymbol{a}_i$，$\boldsymbol{a}_2,\cdots,\boldsymbol{a}_n$两两正交时成立；

②若n阶阵$\mathbf{A}=(a_{ij})_{n\times n}$对称正定，则$|\mathbf{A}|=\det\mathbf{A}\leqslant a_{11}a_{22}\cdots a_{nn}$（Hadamard不等式）；

③若分块半正定阵$\mathbf{A}=\begin{pmatrix}\mathbf{A}_{11}&\mathbf{A}_{12}&\cdots&\mathbf{A}_{1n}\\\mathbf{A}_{21}&\mathbf{A}_{22}&\cdots&\mathbf{A}_{2n}\\\vdots&\vdots&&\vdots\\\mathbf{A}_{n1}&\mathbf{A}_{n2}&\cdots&\mathbf{A}_{nn}\end{pmatrix}$，其中$\mathbf{A}_{ij}\,(1\leqslant i,j\leqslant n)$为子块，则$|\mathbf{A}|\leqslant\prod_{k=1}^{n}|\mathbf{A}_{kk}|$.

线性代数诸类内容间关系图

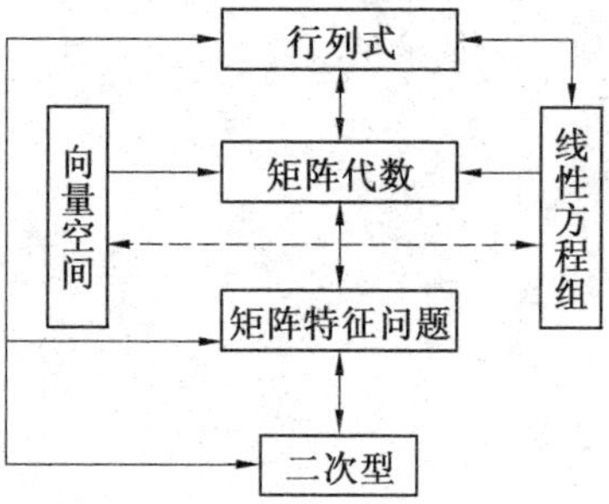

第3章 概率论与数理统计

一、随机事件和概率

（一）随机事件

1. 随机事件

随机试验 可以在相同条件下重复的试验，且试验所有可能发生的结果是已知的，但每次试验到底是其中哪种结果预先不能确定.

随机事件 在随机试验中可能出现也可能不出现的事件，通常用 $A,B,C,\cdots$ 表示.

必然事件 在每次试验中必须出现的事件，通常用 U 或 Ω 表示.

不可能事件 在每次试验中必然不出现的事件，通常用 $\varnothing$ 表示.

随机事件、必然事件、不可能事件等通称事件.

2. 事件间的关系及运算

事件间的关系

关　系	定　义	记　号
包含（子事件）	若事件 A 出现必须导致事件 B 出现，则称 B 包含 A 或 A 含于 B，且称 A 是 B 的子事件	$A\subset B$ 或 $B\supset A$
相等（等价）	若 $A\subset B$ 且 $B\supset A$，则称事件 A,B 相等（等价）	$A=B$

注 关于包含关系的规定：对任何事件 A，有 $\varnothing\subset A, A\subset U$.

事 件 间 的 运 算

运　算	定　义	记　号
和事件	事件 A,B 至少有一个出现的事件叫 A,B 的和事件	$A\cup B$
积事件	事件 A,B 同时出现的事件叫 A,B 的积事件	$A\cap B$ 或 AB
差事件	出现事件 A 而不出现事件 B 的事件叫做 A,B 的差事件	$A-B$ 或 $A\backslash B$
余事件（补、逆事件）	事件 A,B 满足 $A\cup B=U, AB=\varnothing$，则 A,B 互称另一事件的余事件	$B=\overline{A}, A=\overline{B}$

事件互斥与互逆是两个不同概念，请看它们的定义与记法.

互斥事件与互逆事件

事件关系	定 义	记 号
互斥事件（互不相容事件）	若事件 A,B 的积事件为不可能事件，则 A,B 互为互斥事件	$AB=\varnothing$
互逆（余）事件（对立事件）	若事件 A,B 满足 $A\cup B=U,AB=\varnothing$，则称 A,B 为互逆事件	$A\cup B=U,AB=\varnothing$

3. 基本空间

由随机事件可能发生的结果组成的集合叫基本空间，常用 U 表示.

从集合论角度，我们还可以重新定义随机事件等.

随机事件 若 D 是基本空间的一个子集，称“试验结果属于 D”为一个随机事件.

基本事件 基本空间中的单个元素组成的事件.

事件间关系及运算与集合的关系及运算对照

记 号	集 合	事 件
U,Ω	空间	必然事件、基本空间
$\varnothing$	空集	不可能事件
$a,b,\cdots$	元素	基本事件
$A\subset B$	A 是 B 的子集	A 是 B 的子事件
$A\cup B$	A,B 的并集	A,B 的和事件
$A\cap B$	A,B 的交集	A,B 的积事件
$A-B$	A,B 的差集	A,B 的差事件
$\overline{A}$	A 的余集	A 的逆（余）事件

事件间运算的算律

运 算	算 律
和	$A\cup B=B\cup A$（交换律），$(A\cup B)\cup C=A\cup(B\cup C)$（结合律）
积	$A\cap B=B\cap A$（交换律），$(A\cap B)\cap C=A\cap(B\cap C)$（结合律）
和、积	$A\cap(B\cup C)=(A\cap B)\cup(A\cap C)$，$A\cup(B\cap C)=(A\cup B)\cap(A\cup C)$（分配律）
和、积、余	$\overline{A\cup B}=\overline{A}\cap\overline{B}$，$\overline{A\cap B}=\overline{A}\cup\overline{B}$（对偶律）
和、积	$A\cup(B\cap A)=A$，$A\cap(A\cup B)=A$（吸收律）

（二）随机事件的概率

1. 概率的定义

方 式	定义内容
古典定义	对古典概型所有可能试验结果全体 $U=\{e_1,e_2,\cdots,e_n\}$，事件 $A=\{e_{k_1},e_{k_2},\cdots,e_{k_r}\}$ $(k_1,k_2,\cdots,k_r$ 为 $1\sim n$ 中 r 个不同的数)，事件 A 的概率 $$P(A)=\frac{r}{n}$$
几何概率	即借助几何上的度量定义的概率，有 $$P(A)=\frac{\mu(A)}{\mu(U)}$$ 这里 $\mu(A),\mu(U)$ 表示 A,U 的测度（如长度、面积、体积）

方　式	定义内容
统计定义	随着试验次数 n 的增大，事件 A 出现的频率 $\frac{r}{n}$ 在区间[0,1]上某个数字 p 附近摆动，则事件 A 的概率为 $P(A)=p$
公理化定义	设函数 $P(A)$ 的定义域为所有随机事件组成的集合，且满足： (1)对任一随机事件 A，有 $0\leqslant P(A)\leqslant 1$； (2)$P(U)=1$，$P(\varnothing)=0$； (3)对两两互斥的可数多个随机事件 $A_1,A_2,\cdots$ 有 $P(A_1\cup A_2\cup\cdots)=P(A_1)+P(A_2)+\cdots$ 则称函数 $P(A)$ 为事件 A 的概率

2. 概率的性质

(1) 设随机事件 $A_1,A_2,\cdots,A_n$ 两两互斥，则

$$P(A_1\cup A_2\cup\cdots\cup A_n)=P(A_1)+P(A_2)+\cdots+P(A_n)$$

(2) $P(\overline{A})=1-P(A)$；

(3) 若 $A\subset B$，则 $P(B-A)=P(B)-P(A)$；

(4) $P(A\cup B)=P(A)+P(B)-P(AB)$(广义加法定理)，且可推广为

$$P(A\cup B\cup C)=P(A)+P(B)+P(C)-P(AB)-P(AC)-P(BC)+P(ABC)$$

一般地

$$\begin{aligned}&P(A_1\cup A_2\cup\cdots\cup A_n)\\&=\sum_{i=1}^{n}P(A_n)-\sum_{1\leqslant i<j\leqslant n}P(A_iA_j)+\sum_{1\leqslant i<j<k\leqslant n}P(A_iA_jA_k)-\cdots+(-1)^{n-1}P(A_1A_2\cdots A_n)\end{aligned}$$

3. 条件概率

设 A,B 为两随机事件，且 $P(A)>0$，则称

$$P(B|A)=\frac{P(AB)}{P(A)}$$

为事件 A 发生的条件下事件 B 发生的条件概率.

于是可有下面两个乘法公式

$$\boxed{\begin{aligned}P(AB)=P(A)P(B|A),\quad 若\ P(A)>0\\P(AB)=P(B)P(A|B),\quad 若\ P(B)>0\end{aligned}}$$

类似地可推广为：$P(ABC)=P(A)P(B|A)P(C|AB)$，这里 $P(AB)>0$.

一般地

$$P(A_1A_2\cdots A_n)=P(A_1)P(A_2|A_1)P(A_3|A_1A_2)\cdots P(A_{n-1}|A_1A_2\cdots A_{n-2})P(A_n|A_1A_2\cdots A_{n-1})$$

这里 $P(A_1A_2\cdots A_{n-1})>0$.

4. 几个公式

全概率公式　设事件 $A_1,A_2,\cdots,A_n$ 两两互斥，且事件 B 为事件 $A_1\cup A_2\cup\cdots\cup A_n$ 的子事件，则

$$\boxed{P(B)=\sum_{i=1}^{n}P(A_i)P(B\mid A_i)}$$

贝叶斯(Bayes)公式　若事件 $A_1,A_2,\cdots,A_n$ 两两互斥，且事件 B 为事件 $A_1\cup A_2\cup\cdots\cup A_n$ 的子事件，又 $P(A_i)>0(i=1,2,\cdots,n)$，$P(B)>0$，则

$$\boxed{P(A_i\mid B)=\frac{P(A_i)P(B\mid A_i)}{P(B)}=P(A_i)P(B\mid A_i)\Big/\sum_{i=1}^{n}P(A_i)P(B\mid A_i)}$$

5. 事件独立性

独立事件　若事件 A,B 满足 $P(AB)=P(A)P(B)$，则称 A,B 为独立事件.

若 $A,B;\overline{A},\overline{B};\overline{A},B;A,\overline{B}$ 中有一对是相互独立的，则另外三对也相互独立.

又设 n 个事件 $A_1,A_2,\cdots,A_n$，若对任一组 $k_1,k_2,\cdots,k_s(2\leqslant s\leqslant n$，且 k_i 取不同的值，$i=1,2,\cdots,s)$，等式

$$P(A_{k_1}A_{k_2}\cdots A_{k_s})=P(A_{k_1})P(A_{k_2})\cdots P(A_{k_s})$$

总成立，则称 $A_1,A_2,\cdots,A_n$ 总体独立，简称相互独立.

两两独立与相互独立(总体独立)是两个不同概念.

性质　若 $A_1,A_2,\cdots,A_n$ 相互独立，则有

$$P(\bigcap_{k=1}^{n}A_k)=\prod_{k=1}^{n}P(A_k),\quad P(\bigcup_{k=1}^{n}A_k)=1-\prod_{k=1}^{n}[1-P(A_k)]$$

一些基本公式的联系

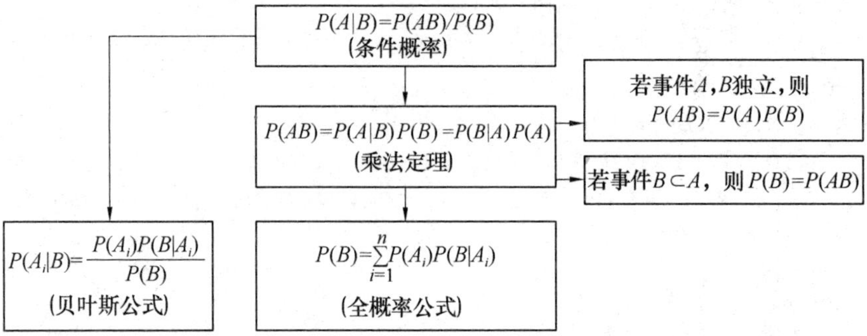

互斥、互逆及独立事件的比较

事　件	定　义	概率性质
互斥事件	$A\cap B=\varnothing$，则 A,B 为互斥事件	$P(A+B)=P(A)+P(B)$
互逆事件	$A\cup B=U$，且 $A\cap B=\varnothing$，则 A,B 为互逆事件	$P(B)=1-P(A)$(注意到 $B=\overline{A}$)
独立事件	$P(AB)=P(A)P(B)$，则 A,B 为独立事件	①$P(AB)=P(A)P(B)$. ②事件 $A,B;\overline{A},\overline{B};\overline{A},B;A,\overline{B}$ 每对两两独立

注　由 A,B 互逆可以推出 A,B 互斥，但反之不然. 又若 A,B 互斥或互逆，且 $P(A)\neq 0,P(B)\neq 0$，则 A,B 不相互独立.

6. 二项概率公式

(1) 独立重复试验

独立重复试验指完全重复，且相互独立的试验.

伯努利试验　试验结果只有两个(A 和 $\overline{A}$)，若令 $P(A)=p,P(\overline{A})=q$，有 $p+q=1$，则称此试验为伯努利试验(概型).

(2) 二项概率公式

每个试验中事件 A 出现的概率为 p，则 n 次独立重复试验中 A 出现 k 次的概率(今记 $q=1-p$)

$$P_n(k)=C_n^k p^k(1-p)^{n-k}=C_n^k p^k q^{n-k},\quad k=0,1,2,\cdots,n$$

二、随机变量及其分布

(一) 一维随机变量

1. 随机变量

记随机试验的基本空间为 $U=\{\omega\}$，又 $\xi\{\omega\}$ 是定义在 U 上的单值实函数，若对任一实数 x 来说，"$\xi\{\omega\}\leqslant x$"是事件(即 $\xi\{\omega\}\leqslant x$ 有确定概率)，则称 ξ 是(定义在 U 上的)随机变量.

我们可用图 1 显示这种关系.

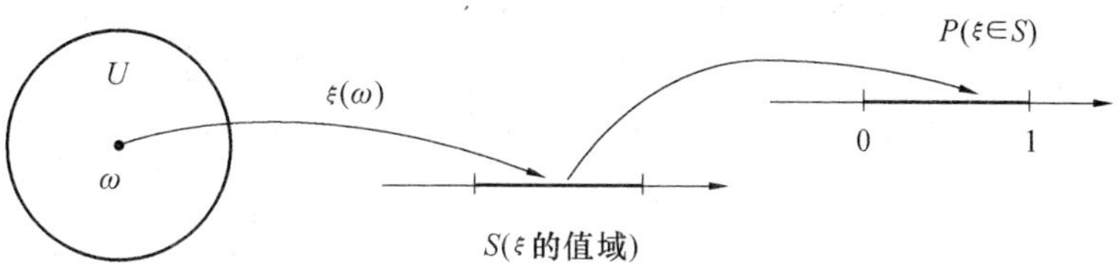

图 1

又若 $\xi_1(\omega),\xi_2(\omega),\cdots,\xi_n(\omega)$是定义在同一基本空间 U 上的 n 个随机变量，则称 $\boldsymbol{\xi}=(\xi_1,\xi_2,\cdots,\xi_n)$为 n 维随机向量，又称 n 维随机变量.

2. 分布函数

若 ξ 是一个随机变量，则称 $F(x)=P\{\xi\leqslant x\}(-\infty<x<+\infty)$为 ξ 的分布函数.

(1)分布函数性质

①$0\leqslant F(x)\leqslant 1(-\infty<x<+\infty)$；

②$F(x_1)\leqslant F(x_2)$，当 $x_1<x_2$ 时($F(x)$单调不减)；

③ $\lim\limits_{x\to-\infty}F(x)=0$，$\lim\limits_{x\to+\infty}F(x)=1$；

④ $\lim\limits_{x\to x_0+}F(x)=F(x_0)$，$-\infty<x_0<+\infty$($F(x)$右连续).

注　若定义 $F(x)=P\{\xi<x\}$为 ξ 的分布函数，则 $F(x)$是左连续的，即

$$F(x_0-0)=F(x_0^-)=F(x_0)$$

关于分布函数的左或右连续，不同教材会有不同处理，但考研大纲上规定了**右连续**.

(2)一个公式(用分布函数计算概率)

若 $F(x)$为随机变量 ξ 的分布函数，则概率

$$\boxed{P\{a<\xi\leqslant b\}=F(b)-F(a)}$$

3. 随机变量的概率分布

关于随机变量的概率分布及其性质可见下表.

随机变量的概率分布表

	离散型	连续型
分布律或分布密度	<table><tr><td>ξ</td><td>$x_1\ x_2\ \cdots\ x_n\ \cdots$</td></tr><tr><td>$p$</td><td>$p_1\ p_2\ \cdots\ p_n\ \cdots$</td></tr></table>	$f(x)$
分布函数	$F(x)=\sum\limits_{x_k\leqslant x}p(x_k)$	$F(x)=\int_{-\infty}^{x}f(x)\mathrm{d}x$
性　质	$0\leqslant p_i\leqslant 1(i=1,2,\cdots)$ $\sum\limits_{-\infty}^{+\infty}p_i=1$	①$f(x)\geqslant 0(-\infty<x<+\infty)$ ②积分$\int_{-\infty}^{+\infty}f(x)\mathrm{d}x=1$ ③$P\{a<\xi\leqslant b\}=\int_{b}^{a}f(x)\mathrm{d}x$ ④ $P\{\xi=a\}=0$(x 为 $f(x)$ 的连续点) ⑤$F'(x)=f(x)$

注　我们注意到：从"离散"到"连续"的演进，公式中只是把"$\sum$"变成"$\int$"而已.

4. 几种重要的分布

在概率论中，我们常会遇到一些重要的随机变量的分布，如下：

几种重要的分布表

分　布		分布律或概率密度	注　记
离散型	0－1 分布	$P\{\xi=1\}=p$, $P\{\xi=0\}=1-p$	两点分布的特例
	两点分布	$P\{\xi=a\}=p$, $P\{\xi=b\}=1-p$	
	均匀分布	$P\{\xi=a_i\}=\frac{1}{N}(i=1,2,\cdots,n)$	
	二项分布	$P\{\xi=k\}=\mathrm{C}_n^k p^k(1-p)^{n-k}$ $(k=0,1,\cdots,n)$	简记 $\mathscr{B}(n,p)$(有放回)；n 较大，p 较小～$\mathscr{B}(\lambda)$，$\lambda=np$(无放回)
	超几何分布	$P\{\xi=k\}=\frac{\mathrm{C}_M^k\mathrm{C}_{N-M}^{n-k}}{\mathrm{C}_N^n}$ $(k=0,1,2,\cdots,\min\{n,M\})$	简记 $H(N,M,n)$
	几何分布	$P\{\xi=k\}=pq^{k-1}$ $(k=0,1,2,\cdots)$	简记 $G(p)$ 且 $q=1-p$. 若 $X\sim G(p)$，则 $P\{X=m+k\mid X>m\}=P(X=k)$
	泊松(Poisson)分布	$P\{\xi=k\}=\frac{\lambda^k}{k!}\mathrm{e}^{-\lambda},\lambda>0$ $(k=1,2,\cdots)$	简记 $\mathscr{P}(\lambda)$或 $\pi(\lambda)$

续表

分　布		分布律或概率密度	注　记
连续型	均匀分布	$f(x)=\begin{cases}\frac{1}{b-a}, x\in[a,b]\\ 0, \quad x\overline{\in}[a,b]\end{cases}$	简记 $U[a,b]$
	正态分布	$f(x)=\frac{1}{\sqrt{2\pi}\sigma}e^{-\frac{(x-\mu)^2}{2\sigma^2}}$ $(-\infty<x<+\infty)$	简记 $N(\mu,\sigma^2)$. 若 $X\sim N(\mu,\sigma^2)$，则 $\frac{X-\mu}{\sigma}\sim N(0,1)$
	标　准 正态分布	$f(x)=\frac{1}{\sqrt{2\pi}}e^{-\frac{x^2}{2}}$ $(-\infty<x<+\infty)$	简记 $N(0,1)$. $\varphi(0)=\frac{1}{\sqrt{2\pi}},\Phi(0)=\frac{1}{2},\Phi(-a)=1-\Phi(a)$
	指数分布	$f(x)=\begin{cases}\lambda e^{-\lambda x}, x\geqslant 0\\ 0, \quad 其他\end{cases}(\lambda>0)$	简记 $E(\lambda)$. 若 $X\sim E(\lambda)$，则 $P\{X>s+t\mid X>s\}=P\{X>t\}$

(二)二维随机变量

1. 分布函数

二维随机变量(ξ,η)的分布函数为 $F(x,y)=P\{\xi\leqslant x,\eta\leqslant y\}$，其中，$x,y$ 为任意实数.

2. 概率密度

分离散及连续两种情况，请见下表.

概率分布密度、函数性质表

	离 散 型	连 续 性
分布密度 (性质)	$P\{\xi=a_i,\eta=b_j\}=p_{ij}$	$f(x,y)$
	①$0\leqslant p_{ij}\leqslant 1$ ②$\sum\limits_{i,j}p_{ij}=1$	①$f(x,y)\geqslant 0$ ②$\int_{-\infty}^{+\infty}\int_{-\infty}^{+\infty}f(x,y)dxdy=1$ ③$P\{(\xi,\eta)\in D\}=\iint\limits_D f(x,y)dxdy$
分布函数 (性质)	$F(x,y)=\sum\limits_{\substack{x_i\leqslant x\\ y_j\leqslant y}}p_{ij}$	$F(x,y)=\int_{-\infty}^{x}\int_{-\infty}^{y}f(x,y)dxdy$
		$P\{a<\xi\leqslant b,c<\eta\leqslant d\}$ $=F(b,d)-F(b,c)-F(a,d)+F(a,c)$
边缘分布 函数	$F_\xi(x)=\sum\limits_{x_i\leqslant x}\sum\limits_{j=1}^{\infty}p_{ij}$ $F_\eta(y)=\sum\limits_{y_j\leqslant y}\sum\limits_{i=1}^{\infty}p_{ij}$	$F_\xi(x)=\int_{-\infty}^{x}\left[\int_{-\infty}^{+\infty}f(x,y)dy\right]dx$ $F_\eta(y)=\int_{-\infty}^{y}\left[\int_{-\infty}^{+\infty}f(x,y)dx\right]dy$
边缘分布 密度	$p_{i\times}=\sum\limits_{j}p_{ij}(i=1,2,\cdots)$ $p_{\times j}=\sum\limits_{i}p_{ij}(j=1,2,\cdots)$	$\varphi_\xi(x)=\int_{-\infty}^{+\infty}f(x,y)dy$ $\varphi_\eta(y)=\int_{-\infty}^{+\infty}f(x,y)dx$

3. 边缘分布

随机变量(ξ,η)的两个边缘分布函数为(具体计算公式见上表)

$$F_\xi(x)=P\{\xi\leqslant x,\eta<+\infty\}=F(x,+\infty)$$

$$F_\eta(y)=P\{\xi<+\infty,\eta\leqslant y\}=F(+\infty,y)$$

分布、边缘分布函数、密度关系表

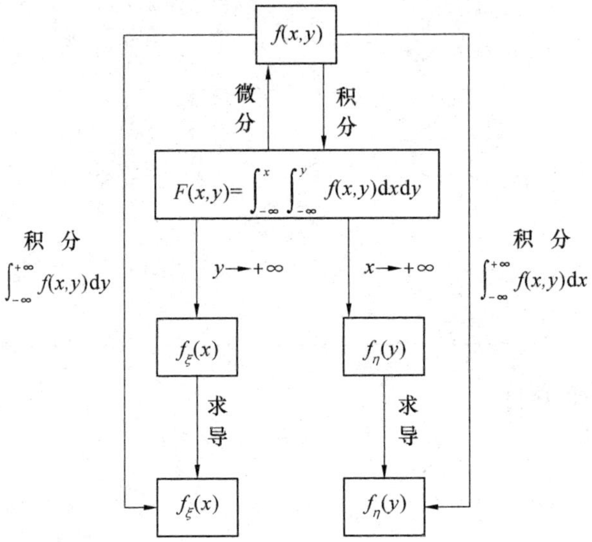

4. 条件分布

关于随机变量的条件分布可见下表:

条件分布表

离散型	连续型
若 $P\{\eta=y_j\}>0$,称 $$P\{\xi=x_i\mid\eta=y_j\}=\frac{p_{ij}}{p_{\cdot j}}$$ 为在 $\eta=y_j$ 下 ξ 的条件分布;	若 $f_\eta(y)>0$,则 $$f(x\mid y)=\frac{f(x,y)}{f_\eta(y)}$$ 为当 $\eta=y$ 时 ξ 的条件分布密度;
若 $P\{\xi=x_i\}>0$,称 $$P\{\eta=y_j\mid\xi=x_i\}=\frac{p_{ij}}{p_{i\cdot}}$$ 为在 $\xi=x_i$ 下 η 的条件分布	若 $f_\xi(x)>0$,则 $$f(y\mid x)=\frac{f(x,y)}{f_\xi(x)}$$ 为当 $\xi=x$ 时 η 的条件分布密度

5. 随机变量的独立性

随机变量独立 随机变量ξ,η相互独立是指当下述关系成立时

$$P\{\xi\leqslant x,\eta\leqslant y\}=P\{\xi\leqslant x\}\cdot P\{\eta\leqslant y\}$$

即 $F(x,y)=F_\xi(x)\times F_\eta(y)$,这里 x,y 为任意实数.

随机变量 ξ,η 相互独立的充要条件:

二维离散型随机变量ξ,η相互独立$\Leftrightarrow p_{ij}=f_{i\cdot}\cdot f_{\cdot j}(i,j=1,2,\cdots)$.

二维连续型随机变量ξ,η相互独立$\Leftrightarrow f(x,y)=f_\xi(x)\cdot f_\eta(y)$.

注 相互独立性的概念可推广至多个随机变量上去:

n 个随机变量 $\xi_1,\xi_2,\cdots,\xi_n$ 相互独立是指:对实数轴上给定的 n 个集合 $S_1,S_2,\cdots,S_n$,以下诸事件

$$\{\xi_1 \in S_1\},\ \{\xi_2 \in S_2\},\ \cdots,\ \{\xi_n \in S_n\}$$

相互独立.

(三)随机变量的函数分布

1. 随机变量的函数

(1)一维随机变量函数

设 ξ 为一维随机变量, $g(x)$ 为一元函数,则 $\eta=g(\xi)$ 也是随机变量,且称之为随机变量 ξ 的函数.

这样 $P\{\eta\leqslant y\}=P\{g(\xi)\leqslant y\}=P\{\xi\in S\}$,其中 S 为由所有使 $g(x)<y$ 的 x 值组成的集合.

两个重要命题:

命题 1　对任意存在(单值)反函数的连续型随机变量 X,若其分布函数为 $F(x)$,则随机变量 $Y=F(X)$ 的分布函数为

$$G(y)=\begin{cases}0, & y<0\\ y, & 0\leqslant y<1\\ 1, & y\geqslant 1\end{cases}$$

命题 2　若 $X_1,X_2,\cdots,X_n$ 是 n 个独立随机变量,其分布函数分别为 $F_1(x),F_2(x),\cdots,F_n(x)$,则 $Y_1=\max\{X_1,X_2,\cdots,X_n\}$ 和 $Y_2=\min\{X_1,X_2,\cdots,X_n\}$ 的分布函数分别为

$$F_{Y_1}=\prod_{k=1}^{n}F_k(x),\quad F_{Y_2}=1-\prod_{k=1}^{n}[1-F_k(x)]$$

特别地,当 $X_1,X_2,\cdots,X_n$ 为独立同分布且分布函数皆为 $F(x)$ 时

$$F_{Y_1}=[F(x)]^n,\quad F_{Y_2}=1-[1-F(x)]^n$$

(2)二维随机变量函数

设 $P(\xi,\eta)$ 为二维随机变量, $g(x,y)$ 为二元函数,则 $\zeta=g(\xi,\eta)$ 是一维随机变量,且称其为二维随机变量 (ξ,η) 的函数.

2. 随机变量的函数分布

随机变量的函数分布分为离散和连续型两类,如下:

	离 散 型	连 续 型
一维随机变量	若 ξ 的分布律为 $P\{\xi=x_i\}=p_i\quad(i=1,2,\cdots)$ 则 $\eta=g(\xi)$ 的分布律为 $P\{\eta=g(x_i)\}=p_i\quad(i=1,2,\cdots)$	若 ξ 的分布密度为 $f(x)$. 又 $y=g(x)$ 严格单调,其反函数 $g^{-1}(y)$ 有连续导数,则: $f(x)$ 单增时,有 $y_\eta(y)=f[g^{-1}(y)][g^{-1}(y)]'$ $f(x)$ 单减时,有 $y_\eta(y)=-f[g^{-1}(y)][g^{-1}(y)]'$ 或合并写为 $y_\eta(y)=f[g^{-1}(y)]\,\vert[g^{-1}(y)]'\vert$
二维随机变量	若 $P\{\xi=x_i,\eta=y_j\}=p_{ij},\zeta=g(\xi,\eta)$,则 $P\{\zeta=z_k\}=P\{g(\xi,\eta)=z_k\}$ $=\sum_{g(x_i,y_j)=z_k}P\{\xi=x_i,\eta=y_j\}$	若 (ξ,η) 的密度为 $f(x,y)$,又 $\zeta=g(\xi,\eta)$,则 ζ 的分布函数 $F(z)=P\{\zeta\leqslant z\}=\iint_D f(x,y)\mathrm{d}x\mathrm{d}y$ 其中 D:$\{(x,y)\mid g(x,y)\leqslant z\}$

(1) $\zeta=\xi+\eta$ 的分布

若随机变量 (ξ,η) 的分布密度为 $f(x,y)$,又 $\zeta=\xi+\eta$ 的分布函数为 $F_\zeta(z)$,则

$$F_\zeta(z)=\int_{-\infty}^{z}\left\{\int_{-\infty}^{+\infty}f(x,v-x)\mathrm{d}x\right\}\mathrm{d}v=\int_{-\infty}^{z}\left\{\int_{-\infty}^{+\infty}f(u-y,y)\mathrm{d}y\right\}\mathrm{d}u$$

且 $\zeta=\xi+\eta$ 的分布密度 $f_\zeta(z)$ 为

$$f_\zeta(z)=\int_{-\infty}^{+\infty}f(x,z-x)\mathrm{d}x=\int_{-\infty}^{+\infty}f(z-y,y)\mathrm{d}y$$

显然，当 ξ,η 相互独立时有

$$F_\zeta(z)=\int_{-\infty}^{z}\left\{\int_{-\infty}^{+\infty}f_\xi(x)f_\eta(v-x)\mathrm{d}x\right\}\mathrm{d}v=\int_{-\infty}^{z}\left\{\int_{-\infty}^{+\infty}f_\xi(u-y)\cdot f_\eta(y)\mathrm{d}y\right\}\mathrm{d}u$$

$$f_\zeta(z)=\int_{-\infty}^{+\infty}f_\xi(x)f_\eta(z-x)\mathrm{d}x=\int_{-\infty}^{+\infty}f_\xi(z-y)\cdot f_\eta(y)\mathrm{d}y$$

(2) 二维均匀分布

若 $(X,Y)\sim U(D)$，则 $f(x,y)=\begin{cases}\dfrac{1}{S(D)}, & (x,y)\in D\\ 0, & \text{其他}\end{cases}$. 这里 $S(D)$ 表示区域 D 的几何度量(测度).

(3) 二维正态分布

若随机变量 (ξ,η) 有概率密度

$$f(x,y)=\exp\left\{-\frac{1}{2(1-\rho^2)}\left[\frac{(x-\mu_1)^2}{\sigma_1^2}-2\rho\frac{(x-\mu_1)(y-\mu_2)}{\sigma_1\sigma_2}-\frac{(y-\mu_2)^2}{\sigma_2{}^2}\right]\right\}\Big/2\pi\sigma_1\sigma_2\sqrt{1-\rho^2}$$

$$(-\infty<x<+\infty,-\infty<y<+\infty)$$

其中，$\mu_1,\mu_2;\sigma_1,\sigma_2;\rho$ 均为常数，且 $\mu_1>0,\mu_2>0,|\rho|<1$，则称 (ξ,η) 服从二维正态分布.

若随机变量 (ξ,η) 服从二维正态分布，则 $\xi\sim N(\mu_1,\sigma_1{}^2)$，$\eta\sim N(\mu_2,\sigma_2{}^2)$.

又随机变量 ξ,η 相互独立 $\Leftrightarrow\rho=0$.

若随机变量 ξ,η 相互独立，则 $\xi+\eta\sim N(\mu_1+\mu_2,\sigma_1{}^2+\sigma_2{}^2)$，进而

$$c_1\xi+c_2\eta\sim N(c_1\mu_1+c_2\mu_2,c_1^2\sigma_1^2+c_2^2\sigma_2^2+2c_1c_2\rho\,\sigma_1\sigma_2)$$

又 ξ 关于 $\eta=y$ 的条件分布为 $N\{\mu_1+\rho\dfrac{\sigma_1}{\sigma_2}(y-\mu_2),\sigma_2(1-\rho^2)\}$；

η 关于 $\xi=x$ 的条件分布为 $N\{\mu_2+\rho\dfrac{\sigma_1}{\sigma_2}(x-\mu_1),\sigma_2^2(1-\rho^2)\}$.

(4)二维泊松分布

若随机变量 ξ,η 相互独立，且 $\xi\sim\mathscr{P}(\lambda_1)$，又 $\eta\sim\mathscr{P}(\lambda_2)$，则 $\xi+\eta\sim\mathscr{P}(\lambda_1+\lambda_2)$.

(5)$\xi=\max\{X_1,X_2\}$，$\eta=\min\{X_1,X_2\}$ 的分布

参见上面的定理.

三、随机变量的数字特征

(一) 随机变量的数字特征

1. 随机变量的数字特征

随机变量是按一定规律(即分布)来取值的. 为方便计，我们常用一个或一些(几个)数字去描述这个规律的侧面，而这些数字随不同分布而定，且它们部分但有代表性地描述了该分布的性态，则称这种数字为随机变量的数字特征.

2. 数学期望和方差

随机变量的数字特征表

概念		定义	随机变量函数 $g(\xi)$	性质
数学期望 $E(\xi)$	离散型	$E(\xi)=\sum_{k=1}^{\infty}x_kp_k$ （要求级数绝对收敛）	$E[g(\xi)]=\sum_{k=1}^{\infty}g(x_k)p_k$ （要求级数绝对收敛）	①$E(c)=c$； ②$E(c\xi)=cE(\xi)$； ③$E(\xi+\eta)=E(\xi)+E(\eta)$； ④ 若 ξ,η 相互独立，则 $E(\xi\eta)=E(\xi)E(\eta)$ ⑤ 要求积分绝对收敛
	连续型	$E(\xi)=\int_{-\infty}^{+\infty}f(x)\mathrm{d}x$ （要求积分绝对收敛）	$E[g(\xi)]=\int_{-\infty}^{+\infty}g(x)f(x)\mathrm{d}x$ （要求积分绝对收敛）	
方差 $D(\xi)$	离散型	$D(\xi)=\sum_{k}[x_k-E(\xi)]^2p_k$ $D(\xi)=E(\xi^2)-[E(\xi)]^2$		①$D(c)=0$； ②$D(c\xi)=c^2D(\xi)$； ③$D(\xi\pm\eta)=D(\xi)+D(\eta)\pm 2\mathrm{cov}(\xi,\eta)$； 若 ξ,η 相互独立，则 $D(\xi+\eta)=D(\xi)+D(\eta)$； ④$D(\xi)=0\Leftrightarrow P\{\xi=c\}=1$； ⑤ 若 $c\neq E(\xi)$，则 $D(\xi)<E(\xi-c)^2$
	连续型	$D(\xi)=\int_{-\infty}^{+\infty}[x-E(\xi)]^2f(x)\mathrm{d}x$ $D(\xi)=E(\xi^2)-[E(\xi)]^2$		
矩	离散型	k 阶原点矩（$P(\xi=x_i)=p_i$） $E(\xi^k)=\sum_{i=1}^{\infty}x_i^kp_i$ k 阶中心矩 $E[\xi-E(\xi)]^k=\sum_{i=1}^{\infty}[x_i-E(\xi)]^kp_i$		
	连续型	k 阶原点矩（$\varphi(x)$ 为密度函数） $E(\xi^k)=\int_{-\infty}^{+\infty}x^k\varphi(x)\mathrm{d}x$ k 阶中心矩 $E[\xi-E(\xi)]^k=\int_{-\infty}^{+\infty}[x-E(\xi)]^k\varphi(x)\mathrm{d}x$		

对于二维随机变量的函数 $\zeta=g(\xi,\eta)$ 来讲中，若$(\xi,\eta)\sim P\{\xi=x_i,\eta=y_j\}=p_{ij}$

$$E(\zeta)=\sum_{i}\sum_{j}g(x_i,y_i)p_{ij}$$

若$(\xi,\eta)\sim f(x,y)$（连续型），则 $E(\zeta)=\int_{-\infty}^{+\infty}\int_{-\infty}^{+\infty}g(x,y)f(x,y)\mathrm{d}x\mathrm{d}y$.

3. 协方差和相关系数

协方差　对随机变量 ξ,η 来讲，$E\{[(\xi-E(\xi))][\eta-E(\eta)]\}$ 称为随机变量 ξ,η 的协方差，且记作 $\mathrm{Cov}(\xi,\eta)$ 或 $\mathrm{cov}(\xi,\eta)$. 关于它有公式

$$\mathrm{Cov}(\xi,\eta)=E(\xi\eta)-E(\xi)E(\eta)$$

相关系数　对随机变量 ξ,η 来讲，$\rho(\xi,\eta)=\dfrac{\mathrm{Cov}(\xi,\eta)}{\sqrt{D(\xi)}\ \sqrt{D(\eta)}}$ 称为 ξ,η 的相关系数.

当 $\rho(\xi,\eta)=0$ 时,称随机变量 ξ,η 互不相关.

关于随机变量的协方差及相关系数性质见下表:

协方差及相关系数性质表

数字特征	公 式	性 质
协方差 $\mathrm{cov}(X,Y)$	$\mathrm{cov}(X,Y)=E[(X-E(X))(Y-E(Y))]$	① $\mathrm{cov}(X,Y)=E(XY)-E(X)E(Y)$; ② $\mathrm{cov}(X,Y)=\mathrm{cov}(Y,X)$; ③ $\mathrm{cov}(aX,bY)=ab\,\mathrm{cov}(X,Y)$; ④ $\mathrm{cov}(X_1+X_2,Y)=\mathrm{cov}(X,Y)+\mathrm{cov}(X_2,Y)$
相关系数	$\rho(\xi,\eta)=\dfrac{\mathrm{cov}(\xi,\eta)}{\sqrt{D(\xi)}\sqrt{D(\eta)}}$	① $\lvert\rho\rvert\leqslant 1$,且 $\lvert\rho\rvert=1\Leftrightarrow P\{\eta=a\xi+b\}=1$ (a,b 是常数,且 $a>0$); ② 若 ξ,η 相互独立,则 ξ,η 定互不相关,反之不然; ③ (ξ,η) 服从二维正态分布时,ξ,η 相互独立 $\Leftrightarrow\xi,\eta$ 不相关; ④ 以 $\rho(\xi,\eta)\sqrt{\dfrac{D(\xi)}{D(\eta)}}[\xi-E(\xi)]+E(\eta)$ 近似表示 η 时,$E[\eta-(a\xi+b)]^2$ 最小值为 $D(\eta)[1-\rho^2(\xi,\eta)]$

几个充要条件

$$\rho(\xi,\eta)=0\Leftrightarrow\mathrm{cov}(\xi,\eta)=0\Leftrightarrow E(\xi\eta)=E(\xi)E(\eta)\Leftrightarrow D(\xi\pm\eta)=D(\xi)\pm D(\eta)$$

(二) 几种重要分布的数字特征

下表给出常用重要分布的数字特征.

几种重要分布的数字特征表

分布名称	记 号	分布率或概率密度	数学期望	方 差	注 记
二项分布	$\mathscr{B}(n,p)$	$P\{X=k\}=C_n^k p^k q^{n-k}$ $(k=0,1,2,\cdots,n)$	np	npq	$0<p<1$, $q=1-p$, 又 $n=1,k=0,1$ 时为 0-1 分布
泊松分布	$\mathscr{P}(\lambda)$ 或 $\pi(\lambda)$	$P\{X=k\}=\dfrac{\lambda^k}{k!}e^{-\lambda}$ $(k=0,1,2,\cdots)$	λ	λ	$\lambda>0$
均匀分布	$U[a,b]$	$f(x)=\begin{cases}\dfrac{1}{b-a}, & x\in[a,b]\\ 0, & 其他\end{cases}$	$\dfrac{a+b}{2}$	$\dfrac{(b-a)^2}{12}$	$b>a$
正态分布	$N(\mu,\sigma^2)$	$\varphi(x)=\dfrac{1}{\sqrt{2\pi}\sigma}\exp\{-\dfrac{(x-\mu)^2}{2\sigma^2}\}$ $(-\infty<x<+\infty)$	μ	σ^2	$\sigma>0$
指数分布	$E(\lambda)$	$\varphi(x)=\begin{cases}\lambda e^{-\lambda x}, & x>0\\ 0, & x\leqslant 0\end{cases}$	$\dfrac{1}{\lambda}$	$\dfrac{1}{\lambda^2}$	$\lambda>0$

续表

分布名称	记　号	分布率或概率密度	数学期望	方　差	注　记
几何分布	$G(p)$	$P\{x=k\}=pq^{k-1}$ $(k=0,1,2,\cdots)$	$\frac{1}{p}$	$\frac{1-p}{p^2}$	$q=1-p$ $0<p<1$
超几何分布	$H(N,M,n)$	$P\{x=k\}=C_M^k C_{N-M}^{n-k}/C_N^n$, $(k=0,1,2,\cdots,\min\{n,M\})$	$\frac{nM}{N}$		

四、大数定律和中心极限定理

（一）切比雪夫不等式和大数定律

1. 切比雪夫(Чебышев 或 Chebyshev)不等式

对任意随机变量 ξ，总有

$$P\{|\xi-E(\xi)|\geqslant k\sqrt{D(\xi)}\}\leqslant\frac{1}{k^2}$$

这里 $k>0$ 为任一常数. 上式还可以改写为

$$P\{|\xi-E(\xi)|\geqslant\varepsilon\}\leqslant\frac{D(\xi)}{\varepsilon^2}$$

这里 ε 为任意正数.

2. 大数定律

设 $\xi_1,\xi_2,\cdots,\xi_n,\cdots$ 是随机变量序列，$\eta_n=\frac{1}{n}\sum\limits_{i=1}^{n}\xi_i$. 若存在一个常数列 $a_1,a_2,\cdots,a_n,\cdots$ 使得：任给 $\varepsilon>0$，恒有

$$\lim_{n\to\infty}P\{|\eta_n-a_n|<\varepsilon\}=1$$

则称 $\{\xi_n\}$ 序列服从大数定律.

大数定律	叙　述
切比雪夫大数定律	设 $\{\xi_n\}$ 是相互独立的随机变量序列，且 $D(\xi_i)\leqslant M(i=1,2,\cdots)$，对任意 $\varepsilon>0$ 有 $$\lim_{n\to\infty}P\left\{\left\|\frac{1}{n}\sum_{i=1}^{n}\xi_i-\frac{1}{n}\sum_{i=1}^{n}E(\xi_i)\right\|<\varepsilon\right\}=1$$ 特别地，若 ξ_i 具有同方差 σ^2 和同数学期望 $\alpha(i=1,2,\cdots)$，则 $$\lim_{n\to\infty}P\left\{\left\|\frac{1}{n}\sum_{i=1}^{n}\xi_i-\alpha\right\|<\varepsilon\right\}=1$$
伯努利大数定律	设 n 次独立重复试验中，事件 A 出现的概率为 p，若 η_n 表示试验中 A 出现的次数，则对任意 $\varepsilon>0$，有 $$\lim_{n\to\infty}P\left\{\left\|\frac{\eta_n}{n}-p\right\|<\varepsilon\right\}=1$$

大数定律	叙　述
辛　钦 (Хинчин) 大数定律	设 $X_1,X_2,\cdots,X_n,\cdots$为独立同分布随机变量序列，且数学期望$E(X_i)=\mu$存在，则对任意 $\varepsilon>0$，有 $\lim\limits_{n\to\infty} P\left\{\left\|\frac{1}{n}\sum_{i=1}^{n}x_i-\mu\right\|<\varepsilon\right\}=1$

(二)中心极限定理

1. 中心极限定理

列维一林德伯格(Levy-Lindberg)中心极限定理(有时亦称林德伯格一列维中心极限定理)　设随机变量$\{\xi_i\}(i=1,2,\cdots)$独立同分布，且具有相同的数学期望和方差：$E(\xi_i)=a,D(\xi_i)=\sigma^2\neq 0(i=1,2,\cdots)$，则随机变量

$$\eta_n=\frac{\sum\limits_{i=1}^{n}\xi_i-na}{\sqrt{n}\sigma}$$

的分布函数 $F_n(x)$对任意实数 x 满足

$$\lim_{n\to\infty}F_n(x)=\lim_{n\to\infty}P\{\eta_n\leqslant x\}=\frac{1}{\sqrt{2\pi}}\int_{-\infty}^{+\infty}\mathrm{e}^{-\frac{t^2}{2}}\mathrm{d}t$$

棣莫弗一拉普拉斯(De Moiver-Laplace)中心极限定理　设随机变量 η_n 服从二项分布 $\mathscr{B}(n,p)$ $(n=1,2,\cdots$,且 $0<p<1)$,则对任意实数 x 有

$$\lim_{n\to\infty}P\left\{\frac{\eta_n-np}{\sqrt{np(1-p)}}\leqslant x\right\}=\frac{1}{\sqrt{2\pi}}\int_{-\infty}^{x}\mathrm{e}^{-\frac{t^2}{2}}\mathrm{d}t$$

注　棣莫弗一拉普拉斯中心极限定理是说：

当 n 足够大时，由服从 $\mathscr{B}(n,p)$的随机变量 η_n 作出的随机变量

$$\frac{\eta_n-np}{\sqrt{np(1-p)}}$$

的分布函数，与服从标准正态分布 $N(0,1)$的随机变量的分布函数是相互近似的(当 n 较大时).

这可使服从 $\mathscr{B}(n,p)$的随机变量的问题近似地转化为服从 $N(0,1)$的随机变量问题，它为我们的计算提供了可能和方便(后者常有数表好查).

五、数理统计

(一)样本

1. 几个概念

①**总体**. 被观察(研究)对象的全体称为总体(或母体). 在数理统计中，通常是观察被研究对象的某一特定指标，故应视总体为随机变量. 并用 $X,Y,\cdots$字母表示.

②**个体**. 组成总体的每一个基本单元(或元素)称为个体.

③**样本**. 从总体中抽出部分个体组成的集合称为来自总体的样本. 如果以 X 表示总体，则样本可表示为 $X_1,X_2,\cdots,X_n$，其中样本所含个体数量 n 称为样本容量. 每次具体抽出的样本观测值称为样本值，以 $x_1,x_2,\cdots,x_n$ 表示.

④**简单随机样本**. 若来自总体 X 的样本 $X_1,X_2,\cdots,X_n$ 满足：①X_i 与 X 有相同的分布$(i=1,$

$2,\cdots,n$)，②$X_1,X_2,\cdots,X_n$ 相互独立，则称 $X_1,X_2,\cdots,X_n$ 为来自总体的简单随机样本.

⑤**统计量**. 设 $X_1,X_2,\cdots,X_n$ 为来自总体 X 的一个样本，又 $g:g(X_1,X_2,\cdots,X_n)$ 为该样本的函数，若 g 不依赖于任何未知参数，则称 g 为总体 X 的统计量.

常用统计量

样本均值	$\overline{X}=\frac{1}{n}\sum_{i=1}^{n}X_i$	样本极差	$R_n=X_{(n)}-X_{(1)}=\max\limits_{1\leqslant i,j\leqslant n}\lvert X_i-X_j\rvert$
样本方差	$S^2=\frac{1}{n-1}\sum_{i=1}^{n}(X_i-\overline{X})^2$	样本 k 阶原点矩	$A_k=\frac{1}{n}\sum_{i=1}^{n}X_i^k$
样本平均偏差	$\overline{M}=\frac{1}{n}\sum_{i=1}^{n}\lvert X_i-\overline{X}\rvert$	样本 k 阶中心矩	$B_k=\frac{1}{n}\sum_{i=1}^{n}(X_i-\overline{X})^k$

注　注意到 $\sum_{i=1}^{n}(X_i-\overline{X})^2=\sum_{i=1}^{n}X_i^2-n\overline{X}^2$.

(二)抽样分布

1. 抽样分布

称统计量的概率分布为抽样分布.

正态总体三个常用抽样分布：

①χ^2 **分布**　设 $X_1,X_2,\cdots,X_n$ 相互独立且均服从标准正态分布，则称 $X^2=X_1^2+X_2^2+\cdots+X_n^2=\sum_{i=1}^{n}X_i^2$ 为服从自由度为 n 的 χ^2 分布，记作 $X^2\sim\chi^2(n)$.

②t **分布**　设随机变量 X,Y 相互独立，且 $X\sim N(0,1),Y\sim\chi^2(n)$，则称 $t=\dfrac{X}{\sqrt{\dfrac{Y}{n}}}$ 为服从自由度 n 的 t 分布(学生分布)，记作 $t\sim t(n)$.

③F **分布**　设随机变量 U,V 相互独立，且 $U\sim\chi^2(n_1),V\sim\chi^2(n_2)$，则称随机变量 $F=\dfrac{U}{n_1}\Big/\dfrac{V}{n_2}$ 为服从第一自由度为 n_1、第二自由度为 n_2 的 F 分布，记作 $F\sim F(n_1,n_2)$.

三种抽样分布的密度函数及其图形汇总表

抽样分布	密度函数	图　形
χ^2 分布	$f(x)=\begin{cases}\frac{1}{2^{\frac{n}{2}}\Gamma\left(\frac{n}{2}\right)}x^{\frac{n}{2}-1}e^{-\frac{x}{2}}, & x>0\\ 0, & x\leqslant 0\end{cases}$	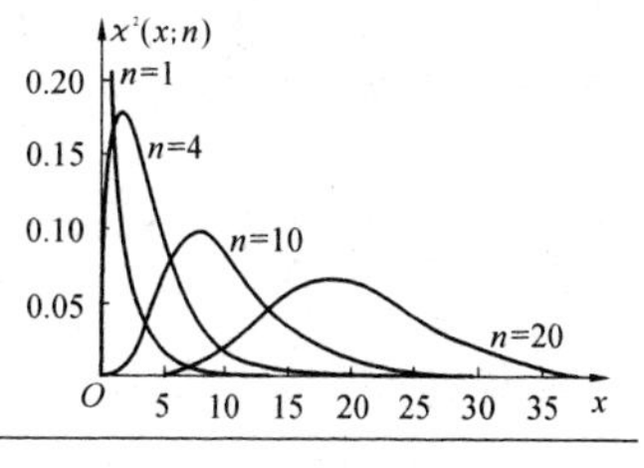
t 分布	$h(t)=\dfrac{\Gamma\left(\frac{n+1}{2}\right)}{\sqrt{n\pi}\,\Gamma\left(\frac{n}{2}\right)}\left(1+\frac{t^2}{n}\right)^{-\frac{1}{2}(n+1)},\quad -t<t<\infty$	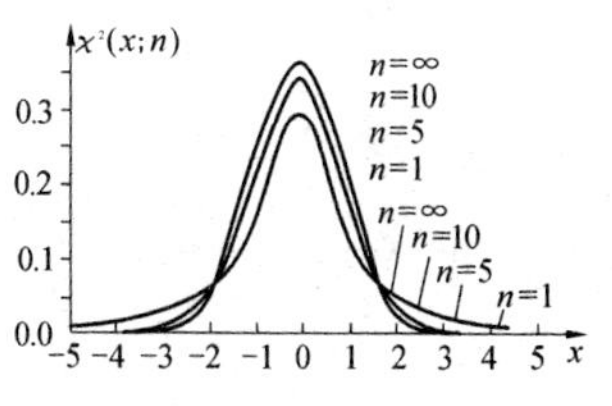

续表

抽样分布	密度函数	图形
F 分布	$g(y)=\begin{cases}\dfrac{\Gamma\left(\frac{n_1+n_2}{2}\right)\left(\frac{n_1}{n_2}\right)^{\frac{n_1}{2}}y^{\frac{n_1}{2}-1}}{\Gamma\left(\frac{n_1}{2}\right)\Gamma\left(\frac{n_2}{2}\right)\left(1+\frac{n_1 y}{n_2}\right)^{\frac{n_1+n_2}{2}}}, & y>0\\ 0, & y\leqslant 0\end{cases}$	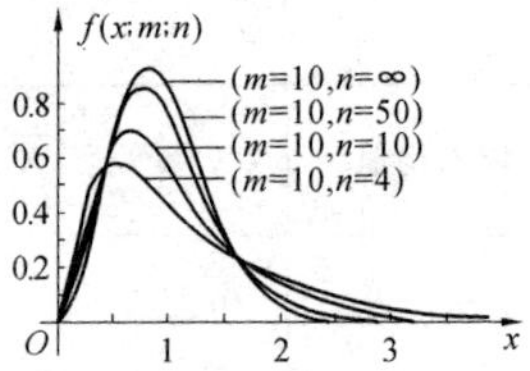

2. 抽样分布的基本性质

(1)χ^2 分布的基本性质

若 $X\sim\chi^2(n)$，$Y\sim\chi^2(m)$，且 X,Y 相互独立，则 $X+Y\sim\chi^2(n+m)$.

(2)t 分布的基本性质

当 $n\to\infty$ 时，标准正态分布为 t 分布的极限分布. 实际应用中，当 $n\geqslant 30$ 时，即可用标准正态分布逼近 t 分布.

3. 分位数

①称满足

$$P\{U>u_\alpha\}=\alpha$$

的点 u_α 为标准正态分布的上 α 分位数.

② 称满足

$$P\{X>\chi_\alpha^2(n)\}=\int_{\chi_\alpha^2(n)}^{+\infty}f(x)\mathrm{d}x=\alpha$$

的点 $\chi_\alpha^2(n)$ 为 $\chi^2(n)$ 分布的上 α 分位数.

③ 称满足

$$P\{t>t_\alpha(n)\}=\int_{t_\alpha(n)}^{+\infty}h(t)\mathrm{d}t=\alpha$$

的点 $t_\alpha(n)$ 为 $t(n)$ 分布的上 α 分位数，且有 $t_{1-\alpha}(n)=-t_\alpha(n)$.

④ 称满足

$$P\{F>F_\alpha(n_1,n_2)\}=\int_{F_\alpha(n_1,n_2)}^{+\infty}g(x)\mathrm{d}x=\alpha$$

的点 $F_\alpha(n_1,n_2)$ 为 $F(n_1,n_2)$ 分布的上 α 分位数.

关于三种分布的上分位数的几何表示如下：

上分位数的几何表示

概念	分类	图象
若 $P\{X>F_\alpha\}=\alpha$，即 $1-F(F_\alpha)=\alpha$ 或 $F(F_\alpha)=1-\alpha$ 称 F_α 为随机变量 X 分布的水平 α 的上分位数	$\chi^2(n)$分布	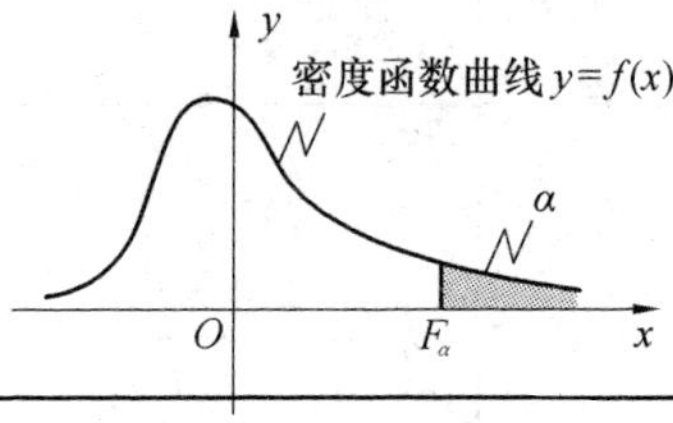
	$t(n)$分布	
	$F(n_1,n_2)$分布	

4. 三种常用抽样分布性质

三种抽样分布的性质

分　布	性　质
χ^2 分布	(1)若 $X\sim\chi^2(n)$，$Y\sim\chi^2(m)$，则 $X+Y\sim\chi^2(m+n)$； (2)若 $\chi^2\sim\chi^2(n)$，则 $E(\chi^2)=n$，$D(\chi^2)=2n$
t 分布	(1)密度函数关于 Oy 轴对称； (2)其极限分布为标准正态分布； (3)若 $T\sim t(n)$，则 $E(T)=0$，$D(T)=\frac{n}{n-2}\ (n>2)$； (4)若 T 的 p 分位数记作 $t_p(n)$，则 $t_p(n)=-t_{1-p}(n)$
F 分布	(1)若 $F\sim F(m,n)$，则 $\frac{1}{F}\sim F(n,m)$； (2)若 F 的 p 分位数记作 $F_p(m,n)$，则 $F_p(m,n)=\frac{1}{F_{1-p}(n,m)}$
注　记	若 $U\sim N(0,1)$，又 U_p 为其 p 分位数，则 $u_p=-u_{1-p}$. 对任意总体 X 均有 $E(\overline{X})=E(X)$，　$E(S^2)=D(X)$，　$D(\overline{X})=\frac{D(X)}{n}$

5. 与正态总体有关的抽样分布——正态总体下常用统计量的性质

①设 $X_1,X_2,\cdots,X_n\sim X\sim N(\mu,\sigma^2)$，则

$$\overline{X}\sim N\left(\mu,\frac{\sigma^2}{n}\right),\quad \frac{\overline{X}-\mu}{\sigma/\sqrt{n}}\sim N(0,1)$$

②设 $X_1,X_2,\cdots,X_n\sim X\sim N(\mu,\sigma^2)$，且 $\overline{X}$ 与 S^2 相互独立，则

$$\frac{(n-1)S^2}{\sigma^2}=\frac{1}{\sigma^2}\sum_{i=1}^{n}(X_i-\overline{X})^2\sim\chi^2(n-1)$$

且 $\frac{1}{\sigma^2}\sum_{i=1}^{n}(X_i-\mu)\sim\chi^2(n)$.

③设 $X_1,X_2,\cdots,X_n\sim X\sim N(\mu,\sigma^2)$，则 $\frac{\overline{X}-\mu}{S/\sqrt{n}}\sim t(n-1)$.

④设 $X_1,X_2,\cdots,X_{n_1}\sim X\sim N(\mu_1,\sigma^2)$；$Y_1,Y_2,\cdots,Y_{n_2}\sim Y\sim N(\mu_2,\sigma^2)$，且 X_i,Y_j 相独立($i=1,2,\cdots,n_1,j=1,2,\cdots,n_2$)，则

$$\left[\overline{X}-\overline{Y}-(\mu_1-\mu_2)\right]\Big/S_0\sqrt{\frac{1}{n_1}+\frac{1}{n_2}}\sim t(n_1+n_2-2)$$

其中 $S_0=[(n_1-1)S_1^2+(n_2-1)S_2^2]/(n_1+n_2-2)$.

⑤设 $X_1,X_2,\cdots,X_{n_1}\sim X\sim N(\mu_1,\sigma_1^2)$；$Y_1,Y_2,\cdots,Y_{n_2}\sim Y\sim N(\mu_2,\sigma_2^2)$，且 X_i,Y_j 相互独立($i=1,2,\cdots,n_1,j=1,2,\cdots,n_2$)则

$$\frac{S_1^2/\sigma_1^2}{S_2^2/\sigma_2^2}\sim F(n_1-1,n_2-1)$$

其中，S_1^2 和 S_2^2 分别是总体 X 与 Y 的样本方差.

6. 两个重要定理

定理 1　设 $X_1,X_2,\cdots,X_n$ 为来自总体 $N(\mu,\sigma^2)$ 的一个样本，则 $\overline{X}$ 与 S^2 相互独立.

定理 2 设 $X_1,X_2,\cdots,X_n$ 为来自 $N(0,1)$ 的一个样本，而 $Q_i=\sum\limits_{j=1}^{n_i}X_j^2, i=1,2,\cdots,k$，其中 Q_i 为秩等于 $n_i(i=1,2,\cdots,k)$ 的半正定二次型，则 $Q_i(i=1,2,\cdots,k)$ 相互独立且分别服从 $\chi^2(n_i)$ 分布的充要条件是 $\sum\limits_{i=1}^{k}n_i=n$.

(三)参数估计

1. 总体参数的点估计

设总体 X 为服从某种分布的随机变量，它具有参数 θ，从总体中抽取容量为 n 的简单随机样本 X_1，$X_2,\cdots,X_n$，用样本的某种适当函数算得 $\hat{\theta}$，并用之作为总体参数 θ 的估值，这种方法叫做参数的点估计.

注 一般称 $\hat{\theta}(X_1,X_2,\cdots,X_n)$ 为总体参数 θ 的估计量，而称其观测值 $\hat{\theta}(x_1,x_2,\cdots,x_n)$ 为估计值.

(1)矩法

矩法就是以样本矩(某一取值)作为总体相应矩的估计量(估计值)，以样本矩的函数(某一取值)作为总体相应矩的同样函数的估计量(估计值).

注 1 用样本均值 $\overline{X}=\frac{1}{n}\sum\limits_{i=1}^{n}X_i$ 作为总体期望 $E(X)$ 的一个估计量；用 $\overline{X}$ 的某一观测值 $\overline{x}=\frac{1}{n}\sum\limits_{i=1}^{n}x_i$ 作为 $E(X)$ 的一个估计值.

注 2 用样本二阶中心矩 $B_2=\frac{1}{n}\sum\limits_{i=1}^{n}(X_i-\overline{X})^2$ 作为总体方差 $D(X)$ 的一个估计量；用 B_2 的某一观测值 $b_2=\frac{1}{n}\sum\limits_{i=1}^{n}(x_i-\overline{x})^2$ 作为 $D(X)$ 的一个估计值.

(2) 最大似然法

似然函数 若 X 为离散型随机变量，其分布为 $P\{X=x\}=p(x;\theta)$，$X_1,X_2,\cdots,X_n\sim X$，则

$$P\{X_1=x_1,\cdots,X_n=x_n\}=\prod_{i=1}^{n}p(x_i;\theta)$$

为 $(X_1,\cdots,X_n)$ 的联合分布，记

$$L(\theta)=L(x_1,x_2,\cdots,x_n;\theta)=\prod_{i=1}^{n}p(x_i;\theta)$$

并称之为样本的似然函数.

若 X 为连续型随机变量，其密度函数为 $f(x,\theta)$，则称

$$L(\theta)=L(x_1,\cdots,x_n;\theta)=\prod_{i=1}^{n}f(x_i;\theta)$$

为样本的似然函数.

最大似然估计 若似然函数 $L(x_1,x_2,\cdots,x_n;\theta)$ 在 $\hat{\theta}$ 处达到最大值，则称 $\hat{\theta}(x_1,x_2,\cdots,x_n)$ 为 θ 的最大似然估计值，而称 $\hat{\theta}(X_1,X_2,\cdots,X_n)$ 为 θ 的最大似然估计量.

(3)估计量的评选标准

无偏性 设 θ 为总体 X 的待估参数，$\hat{\theta}(X_1,X_2,\cdots,X_n)$ 为 θ 的某个估计量，若对任意 n 均有 $E(\hat{\theta})=\theta$，则称 $\hat{\theta}$ 是 θ 的无偏估计量.

有效性 设 $\hat{\theta}_1(X_1,X_2,\cdots,X_n)$ 与 $\hat{\theta}_2(X_1,X_2,\cdots,X_n)$ 均是总体 X 的无偏估计量，若对任意 n 都有 $D(\hat{\theta}_1)<D(\hat{\theta}_2)$，则称 $\hat{\theta}_1$ 转 $\hat{\theta}_2$ 有效.

一致性 设 θ 为总体 X 的某一参数，$\hat{\theta}_n$(n 为样本容量)为 θ 的估计量，若对任意 $\varepsilon>0$ 有

$$\lim_{n\to\infty}P\{|\hat{\theta}_n-\theta|<\varepsilon\}=1$$

则称 $\hat{\theta}_n$ 为 θ 的一致估计量.

2. 参数的区间估计

设 θ 为总体 X 的一个待估参数,若存在样本统计量 $\hat{\theta}_1=\hat{\theta}_1(X_1,X_2,\cdots,X_n)$ 和 $\hat{\theta}_2=\hat{\theta}_2(X_1,X_2,\cdots,X_n)$,使得随机区间 $(\hat{\theta}_1,\hat{\theta}_2)$ 包含待估参数 θ 的概率为 $1-\alpha(0<\alpha<1)$,即 $P\{\hat{\theta}_1<\theta<\hat{\theta}_2\}=1-\alpha$,则称随机区间 $(\hat{\theta}_1,\hat{\theta}_2)$ 为 θ 的置信区间,α 为置信水平,$1-\alpha$ 为置信度.

(1)一个正态总体的双侧区间估计 $(X\sim N(\mu,\sigma^2))$

总体期望 μ 的区间估计如下所示:

	依 据	$[\hat{\theta}_1,\hat{\theta}_2]$
已知 σ^2	$P\{\lvert U=\frac{\overline{X}-\mu}{\sigma/\sqrt{n}}\rvert\leqslant u_{\frac{\alpha}{2}}\}=1-\alpha$	$[\overline{X}-\frac{\sigma}{\sqrt{n}}u_{\frac{\alpha}{2}},\ \overline{X}+\frac{\sigma}{\sqrt{n}}u_{\frac{\alpha}{2}}]$
未知 σ^2	$P\{\lvert T=\frac{\overline{X}-\mu}{s/\sqrt{n}}\rvert\leqslant t_{\frac{\alpha}{2}}(n-1)\}=1-\alpha$	$[\overline{X}-\frac{s}{\sqrt{n}}t_{\frac{\alpha}{2}}(n-1),\ \overline{X}+\frac{s}{\sqrt{n}}t_{\frac{\alpha}{2}}(n-1)]$

总体方差 σ^2 的区间估计如下所示:

依 据	$[\hat{\theta}_1,\hat{\theta}_2]$
$P\{\chi^2_{1-\frac{\alpha}{2}}(n-1)\leqslant\chi^2=\frac{(n-1)S^2}{\sigma^2}\leqslant\chi^2_{\frac{\alpha}{2}}(n-1)\}=1-\alpha$	$\left[\frac{(n-1)s^2}{x^2_{\frac{\alpha}{2}}(n-1)},\frac{(n-1)s^2}{x^2_{1-\frac{\alpha}{2}}(n-1)}\right]$

(2)一个正态总体的单侧区间估计

未知 σ^2,μ 的单侧区间估计如下所示:

依 据	$P\{T\leqslant t_\alpha(n-1)\}=P\{T\geqslant -t_\alpha(n-1)\}=1-\alpha$
置信区间	$[\overline{X}-\frac{S}{\sqrt{n}}t_\alpha(n-1),+\infty)$ 或 $(-\infty,\overline{X}+\frac{S}{\sqrt{n}}t_\alpha(n-1)]$

σ^2 的单侧区间估计如下所示:

依 据	$P\{\chi^2\geqslant\chi^2_{1-\alpha}(n-1)\}=1-\alpha$
置信上限	$\frac{(n-1)S^2}{\chi^2_{1-\alpha}(n-1)}$

(四)假设检验

1. 一个(单)正态总体的假设检验

设 $X\sim N(\mu,\sigma^2)$,则其假设检验程序如下:

(1)已知方程 σ^2,$H_0:\mu=\mu_0$ 的检验程序	(2)未知方差 σ^2,$H_0:\mu=\mu_0$ 的检验程序
①提出待检验的假设 $H_0:\mu=\mu_0$; ②确定样本统计量 $U=\frac{\overline{X}-\mu_0}{\sigma/\sqrt{n}}\sim N(0,1)$ ③$P\{\lvert U\rvert>U_{\frac{\alpha}{2}}\}=\alpha$; ④计算统计量 U 的观测值; ⑤得出结论	①提出待检验的假设 $H_0:\mu=\mu_0$; ②确定样本统计量 $T=\frac{\overline{X}-\mu_0}{s/\sqrt{n}}\sim t(n-1)$ ③$P\{\lvert T\rvert>t_{\frac{\alpha}{2}}\}=\alpha$; ④计算统计量 T 的观测值; ⑤得出结论
(3)未知 μ,$H_0:\sigma^2=\sigma_0^2$ 的检验程序	(4)未知 μ,$H_0:\sigma^2\leqslant\sigma_0^2$ 的检验程序
①提出待检验的假设 $H_0:\sigma^2=\sigma_0^2$; ②确定样本统计量 $\chi^2=\frac{(n-1)S^2}{\sigma_0^2}\sim\chi^2(n-1)$ ③$P\{\chi^2<\chi^2_{1-\frac{\alpha}{2}}\}=\frac{\alpha}{2}$, $P\{\chi^2>\chi^2_{\frac{\alpha}{2}}\}=\frac{\alpha}{2}$;	①提出待检验的假设 $H_0:\sigma^2\leqslant\sigma_0^2$; ②确定样本统计量 $W=\sum_{i=1}^{n}\frac{(X_i-\overline{X})^2}{\sigma_0^2}$ ③$P(\chi^2>\chi^2_\alpha)=\alpha$;

④计算统计量 χ^2 的观测值； ⑤得出结论	④计算统计量 W 的观测值； ⑤提出结论

2. 两个(双)正态总体的假设检验

设 $X\sim N(\mu_1,\sigma_1^2)$，$Y\sim N(\mu_2,\sigma_2^2)$，则假设检验程序如下：

(1)未知 σ_1^2,σ_2^2，但已知 $\sigma_1^2=\sigma_2^2$. $H_0:\mu_1=\mu_2$ 的检验程序	(2)未知 μ_1,μ_2. $H_0:\sigma_1^2=\sigma_2^2$ 的检验程序
①提出待检验的假设 $H_0:\mu_1=\mu_2$； ②确定样本统计量 $T=(\bar{X}-\bar{Y})\Big/\sqrt{\dfrac{(n_1-1)S_1^2+(n_2-1)S_2^2}{n_1+n_2-2}\left(\dfrac{1}{n_1}+\dfrac{1}{n_2}\right)}$ $\sim t(n_1+n_2-2)$ ③$P\{\|T\|>t_{\frac{\alpha}{2}}\}=\alpha$； ④计算统计量 T 的观测值； ⑤得出结论	①提出待检验的假设 $H_0:\sigma_1^2=\sigma_2^2$； ②确定样本统计量 $F=\dfrac{S_1^2}{S_2^2}\left(或\dfrac{S_2^2}{S_1^2}\right)$(使分式的分子大于分母)$\sim$ $F(n_1-1,n_2-1)$ (或$\sim F(n_2-1,n_1-1)$) ③$P\{F>F_{\frac{\alpha}{2}}\}=\dfrac{\alpha}{2}$； ④计算统计量 F 的观测值； ⑤得出结论
(3)未知 μ_1,μ_2. $H_0:\sigma_1^2\leqslant\sigma_2^2$ 的检验程序	
①提出待检验的假设 $H_0:\sigma_1^2\leqslant\sigma_2^2$； ②确定样本统计量 $F=\dfrac{S_1^2}{S_2^2}\sim F(n_1-1,n_2-1)$ ③$P\{F>F_\alpha\}=\alpha$； ④计算统计量 F 的观测值； ⑤得出结论	

参 考 文 献

[1] 吴振奎. 高等数学解题真经(微积分卷)[M]. 哈尔滨:哈尔滨工业大学出版社,2012.

[2] 吴振奎. 高等数学解题真经(线性代数卷)[M]. 哈尔滨:哈尔滨工业大学出版社,2012.

[3] 吴振奎. 高等数学解题真经(概率统计卷)[M]. 哈尔滨:哈尔滨工业大学出版社,2012.

[4] 吴振奎. 历年考研数学试题详解(数学一、数学二、数学三、数学四)[M]. 北京:中国财政经济出版社,2005.

[5] 吴振奎. 高等数学复习及试题选讲[M]. 沈阳:辽宁科技出版社,1984.

[6] 米库辛斯基 杨. 算符演算[M]. 王建午,译. 上海:上海科学技术出版社,1964.

[7] 吴振奎,吴旻. 数学的创造[M]. 哈尔滨:哈尔滨工业大学出版社,2011.

[8] 吴振奎,吴旻. 数学中的美[M]. 哈尔滨:哈尔滨工业大学出版社,2011.

[9] 吴振奎,梁邦助,唐文广. 高等数学解题全攻略(上册)[M]. 哈尔滨:哈尔滨工业大学出版社,2013.

[10] 吴振奎,梁邦助,唐文广. 高等数学解题全攻略(下册)[M]. 哈尔滨:哈尔滨工业大学出版社,2013.

⊙后记

已故著名数学家华罗庚先生说过:“读书要经历‘从薄到厚,再从厚到薄’的两个过程.”对此,笔者深有体会.

要读好、读透一本书,特别是数学书,开始时要泛阅文献、广览资料(当然还要动手),做到旁征博引,了解来龙去脉,这是从薄到厚的经历;深思熟虑之后,从中体会要领,抓住精髓,去提炼、概括、总结,这便是再从厚到薄的过程.整个过程正是“厚积薄发”,也正如“探矿、采矿到冶炼(乃至精炼)”全过程.

这本小册子是笔者当年学习、讲授高等数学时(薄—厚—薄过程)的一篇习作、一份总结、一张答卷,它也许并不精美、并不完善,但它至少可作为高等数学复习时的一份提纲(纲举才能目张),也可作为高等数学解题时的公式*手册(备忘).放在身边,随手翻翻,既可帮你记熟公式、理顺知识脉络,也可让你温故从而知新.

诚然,要学好数学,还要做题,大量做题,这才能使你对知识有深入了解和认知,此等常识我就不再啰嗦了.

但愿这本小书能在你高等数学解题、复习时,助上一臂之力.

吴振奎

2014 年 5 月

* 提起公式,其重要性自不待言,这也使人们不禁想起 20 世纪 70 年代尼加拉瓜发行的一套十张名为“改变世界面貌的十个数学公式”的邮票,其中的爱因斯坦关于质能转换公式 $E=mC^2$ 给人留下深刻印象,物质可转化为能量;但光转化为物质的设想早在 1934 年已为科学家布莱特和惠勒提出,直到新近才由英国帝国理工学院的科学家通过相对简单的办法——让两个光子相互碰撞(产生一个电子和一个正电子)而实现(解决).

哈尔滨工业大学出版社刘培杰数学工作室已出版(即将出版)图书目录

书　名	出版时间	定　价	编号
新编中学数学解题方法全书(高中版)上卷	2007－09	38.00	7
新编中学数学解题方法全书(高中版)中卷	2007－09	48.00	8
新编中学数学解题方法全书(高中版)下卷(一)	2007－09	42.00	17
新编中学数学解题方法全书(高中版)下卷(二)	2007－09	38.00	18
新编中学数学解题方法全书(高中版)下卷(三)	2010－06	58.00	73
新编中学数学解题方法全书(初中版)上卷	2008－01	28.00	29
新编中学数学解题方法全书(初中版)中卷	2010－07	38.00	75
新编中学数学解题方法全书(高考复习卷)	2010－01	48.00	67
新编中学数学解题方法全书(高考真题卷)	2010－01	38.00	62
新编中学数学解题方法全书(高考精华卷)	2011－03	68.00	118
新编平面解析几何解题方法全书(专题讲座卷)	2010－01	18.00	61
新编中学数学解题方法全书(自主招生卷)	2013－08	88.00	261
数学眼光透视	2008－01	38.00	24
数学思想领悟	2008－01	38.00	25
数学应用展观	2008－01	38.00	26
数学建模导引	2008－01	28.00	23
数学方法溯源	2008－01	38.00	27
数学史话览胜	2008－01	28.00	28
数学思维技术	2013－09	38.00	260
从毕达哥拉斯到怀尔斯	2007－10	48.00	9
从迪利克雷到维斯卡尔迪	2008－01	48.00	21
从哥德巴赫到陈景润	2008－05	98.00	35
从庞加莱到佩雷尔曼	2011－08	138.00	136
数学解题中的物理方法	2011－06	28.00	114
数学解题的特殊方法	2011－06	48.00	115
中学数学计算技巧	2012－01	48.00	116
中学数学证明方法	2012－01	58.00	117
数学趣题巧解	2012－03	28.00	128
三角形中的角格点问题	2013－01	88.00	207
含参数的方程和不等式	2012－09	28.00	213

哈尔滨工业大学出版社刘培杰数学工作室已出版(即将出版)图书目录

书　　名	出版时间	定　价	编号
数学奥林匹克与数学文化(第一辑)	2006-05	48.00	4
数学奥林匹克与数学文化(第二辑)(竞赛卷)	2008-01	48.00	19
数学奥林匹克与数学文化(第二辑)(文化卷)	2008-07	58.00	36
数学奥林匹克与数学文化(第三辑)(竞赛卷)	2010-01	48.00	59
数学奥林匹克与数学文化(第四辑)(竞赛卷)	2011-08	58.00	87

发展空间想象力	2010-01	38.00	57
走向国际数学奥林匹克的平面几何试题诠释(上、下)(第1版)	2007-01	68.00	11,12
走向国际数学奥林匹克的平面几何试题诠释(上、下)(第2版)	2010-02	98.00	63,64
平面几何证明方法全书	2007-08	35.00	1
平面几何证明方法全书习题解答(第1版)	2005-10	18.00	2
平面几何证明方法全书习题解答(第2版)	2006-12	18.00	10
平面几何天天练上卷·基础篇(直线型)	2013-01	58.00	208
平面几何天天练中卷·基础篇(涉及圆)	2013-01	28.00	234
平面几何天天练下卷·提高篇	2013-01	58.00	237
平面几何专题研究	2013-07	98.00	258
最新世界各国数学奥林匹克中的平面几何试题	2007-09	38.00	14
数学竞赛平面几何典型题及新颖解	2010-07	48.00	74
初等数学复习及研究(平面几何)	2008-09	58.00	38
初等数学复习及研究(立体几何)	2010-06	38.00	71
初等数学复习及研究(平面几何)习题解答	2009-01	48.00	42
世界著名平面几何经典著作钩沉——几何作图专题卷(上)	2009-06	48.00	49
世界著名平面几何经典著作钩沉——几何作图专题卷(下)	2011-01	88.00	80
世界著名平面几何经典著作钩沉(民国平面几何老课本)	2011-03	38.00	113
世界著名解析几何经典著作钩沉——平面解析几何卷	2014-01	38.00	273
世界著名数论经典著作钩沉(算术卷)	2012-01	28.00	125
世界著名数学经典著作钩沉——立体几何卷	2011-02	28.00	88
世界著名三角学经典著作钩沉(平面三角卷Ⅰ)	2010-06	28.00	69
世界著名三角学经典著作钩沉(平面三角卷Ⅱ)	2011-01	38.00	78
世界著名初等数论经典著作钩沉(理论和实用算术卷)	2011-07	38.00	126
几何学教程(平面几何卷)	2011-03	68.00	90
几何学教程(立体几何卷)	2011-07	68.00	130
几何变换与几何证题	2010-06	88.00	70
计算方法与几何证题	2011-06	28.00	129
立体几何技巧与方法	2014-04	88.00	293
几何瑰宝——平面几何500名题暨1000条定理(上、下)	2010-07	138.00	76,77
三角形的解法与应用	2012-07	18.00	183
近代的三角形几何学	2012-07	48.00	184
一般折线几何学	即将出版	58.00	203
三角形的五心	2009-06	28.00	51
三角形趣谈	2012-08	28.00	212
解三角形	2014-01	28.00	265
圆锥曲线习题集(上)	2013-06	68.00	255

哈尔滨工业大学出版社刘培杰数学工作室
已出版(即将出版)图书目录

书　名	出版时间	定　价	编号
俄罗斯平面几何问题集	2009—08	88.00	55
俄罗斯立体几何问题集	2014—03	58.00	283
俄罗斯几何大师——沙雷金论数学及其他	2014—01	48.00	271
来自俄罗斯的5000道几何习题及解答	2011—03	58.00	89
俄罗斯初等数学问题集	2012—05	38.00	177
俄罗斯函数问题集	2011—03	38.00	103
俄罗斯组合分析问题集	2011—01	48.00	79
俄罗斯初等数学万题选——三角卷	2012—11	38.00	222
俄罗斯初等数学万题选——代数卷	2013—08	68.00	225
俄罗斯初等数学万题选——几何卷	2014—01	68.00	226
463个俄罗斯几何老问题	2012—01	28.00	152
近代欧氏几何学	2012—03	48.00	162
罗巴切夫斯基几何学及几何基础概要	2012—07	28.00	188

超越吉米多维奇——数列的极限	2009—11	48.00	58
Barban Davenport Halberstam 均值和	2009—01	40.00	33
初等数论难题集(第一卷)	2009—05	68.00	44
初等数论难题集(第二卷)(上、下)	2011—02	128.00	82,83
谈谈素数	2011—03	18.00	91
平方和	2011—03	18.00	92
数论概貌	2011—03	18.00	93
代数数论(第二版)	2013—08	58.00	94
代数多项式	2014—05	38.00	289
初等数论的知识与问题	2011—02	28.00	95
超越数论基础	2011—03	28.00	96
数论初等教程	2011—03	28.00	97
数论基础	2011—03	18.00	98
数论基础与维诺格拉多夫	2014—03	18.00	292
解析数论基础	2012—08	28.00	216
解析数论基础(第二版)	2014—01	48.00	287
数论入门	2011—03	38.00	99
数论开篇	2012—07	28.00	194
解析数论引论	2011—03	48.00	100
复变函数引论	2013—10	68.00	269
无穷分析引论(上)	2013—04	88.00	247
无穷分析引论(下)	2013—04	98.00	245

哈尔滨工业大学出版社刘培杰数学工作室已出版(即将出版)图书目录

书　　名	出版时间	定　价	编号
数学分析	2014－04	28.00	338
数学分析中的一个新方法及其应用	2013－01	38.00	231
数学分析例选:通过范例学技巧	2013－01	88.00	243
三角级数论(上册)(陈建功)	2013－01	38.00	232
三角级数论(下册)(陈建功)	2013－01	48.00	233
三角级数论(哈代)	2013－06	48.00	254
基础数论	2011－03	28.00	101
超越数	2011－03	18.00	109
三角和方法	2011－03	18.00	112
谈谈不定方程	2011－05	28.00	119
整数论	2011－05	38.00	120
随机过程(Ⅰ)	2014－01	78.00	224
随机过程(Ⅱ)	2014－01	68.00	235
整数的性质	2012－11	38.00	192
初等数论 100 例	2011－05	18.00	122
初等数论经典例题	2012－07	18.00	204
最新世界各国数学奥林匹克中的初等数论试题(上、下)	2012－01	138.00	144,145
算术探索	2011－12	158.00	148
初等数论(Ⅰ)	2012－01	18.00	156
初等数论(Ⅱ)	2012－01	18.00	157
初等数论(Ⅲ)	2012－01	28.00	158
组合数学	2012－04	28.00	178
组合数学浅谈	2012－03	28.00	159
同余理论	2012－05	38.00	163
丢番图方程引论	2012－03	48.00	172
平面几何与数论中未解决的新老问题	2013－01	68.00	229

历届美国中学生数学竞赛试题及解答(第一卷)1950－1954	2014－06	18.00	277
历届美国中学生数学竞赛试题及解答(第二卷)1955－1959	2014－04	18.00	278
历届美国中学生数学竞赛试题及解答(第三卷)1960－1964	2014－06	18.00	279
历届美国中学生数学竞赛试题及解答(第四卷)1965－1969	2014－04	28.00	280
历届美国中学生数学竞赛试题及解答(第五卷)1970－1972	2014－06	18.00	281

哈尔滨工业大学出版社刘培杰数学工作室已出版(即将出版)图书目录

书　　名	出版时间	定　价	编号
历届 IMO 试题集(1959—2005)	2006－05	58.00	5
历届 CMO 试题集	2008－09	28.00	40
历届加拿大数学奥林匹克试题集	2012－08	38.00	215
历届美国数学奥林匹克试题集:多解推广加强	2012－08	38.00	209
历届国际大学生数学竞赛试题集(1994－2010)	2012－01	28.00	143
全国大学生数学夏令营数学竞赛试题及解答	2007－03	28.00	15
全国大学生数学竞赛辅导教程	2012－07	28.00	189
全国大学生数学竞赛复习全书	2014－04	48.00	340
历届美国大学生数学竞赛试题集	2009－03	88.00	43
前苏联大学生数学奥林匹克竞赛题解(上编)	2012－04	28.00	169
前苏联大学生数学奥林匹克竞赛题解(下编)	2012－04	38.00	170
历届美国数学邀请赛试题集	2014－01	48.00	270

整函数	2012－08	18.00	161
多项式和无理数	2008－01	68.00	22
模糊数据统计学	2008－03	48.00	31
模糊分析学与特殊泛函空间	2013－01	68.00	241
受控理论与解析不等式	2012－05	78.00	165
解析不等式新论	2009－06	68.00	48
反问题的计算方法及应用	2011－11	28.00	147
建立不等式的方法	2011－03	98.00	104
数学奥林匹克不等式研究	2009－08	68.00	56
不等式研究(第二辑)	2012－02	68.00	153
初等数学研究(Ⅰ)	2008－09	68.00	37
初等数学研究(Ⅱ)(上、下)	2009－05	118.00	46,47
中国初等数学研究　2009 卷(第 1 辑)	2009－05	20.00	45
中国初等数学研究　2010 卷(第 2 辑)	2010－05	30.00	68
中国初等数学研究　2011 卷(第 3 辑)	2011－07	60.00	127
中国初等数学研究　2012 卷(第 4 辑)	2012－07	48.00	190
中国初等数学研究　2014 卷(第 5 辑)	2014－02	48.00	288
数阵及其应用	2012－02	28.00	164
绝对值方程—折边与组合图形的解析研究	2012－07	48.00	186
不等式的秘密(第一卷)	2012－02	28.00	154
不等式的秘密(第一卷)(第 2 版)	2014－02	38.00	286
不等式的秘密(第二卷)	2014－01	38.00	268

哈尔滨工业大学出版社刘培杰数学工作室已出版(即将出版)图书目录

书　　名	出版时间	定　价	编号
初等不等式的证明方法	2010—06	38.00	123
数学奥林匹克问题集	2014—01	38.00	267
数学奥林匹克不等式散论	2010—06	38.00	124
数学奥林匹克不等式欣赏	2011—09	38.00	138
数学奥林匹克超级题库(初中卷上)	2010—01	58.00	66
数学奥林匹克不等式证明方法和技巧(上、下)	2011—08	158.00	134,135
近代拓扑学研究	2013—04	38.00	239
新编 640 个世界著名数学智力趣题	2014—01	88.00	242
500 个最新世界著名数学智力趣题	2008—06	48.00	3
400 个最新世界著名数学最值问题	2008—09	48.00	36
500 个世界著名数学征解问题	2009—06	48.00	52
400 个中国最佳初等数学征解老问题	2010—01	48.00	60
500 个俄罗斯数学经典老题	2011—01	28.00	81
1000 个国外中学物理好题	2012—04	48.00	174
300 个日本高考数学题	2012—05	38.00	142
500 个前苏联早期高考数学试题及解答	2012—05	28.00	185
546 个早期俄罗斯大学生数学竞赛题	2014—03	38.00	285

博弈论精粹	2008—03	58.00	30
数学 我爱你	2008—01	28.00	20
精神的圣徒　别样的人生——60 位中国数学家成长的历程	2008—09	48.00	39
数学史概论	2009—06	78.00	50
数学史概论(精装)	2013—03	158.00	272
斐波那契数列	2010—02	28.00	65
数学拼盘和斐波那契魔方	2010—07	38.00	72
斐波那契数列欣赏	2011—01	28.00	160
数学的创造	2011—02	48.00	85
数学中的美	2011—02	38.00	84

王连笑教你怎样学数学——高考选择题解题策略与客观题实用训练	2014—01	48.00	262
最新全国及各省市高考数学试卷解法研究及点拨评析	2009—02	38.00	41
高考数学的理论与实践	2009—08	38.00	53
中考数学专题总复习	2007—04	28.00	6
向量法巧解数学高考题	2009—08	28.00	54
高考数学核心题型解题方法与技巧	2010—01	28.00	86
高考思维新平台	2014—03	38.00	259
数学解题——靠数学思想给力(上)	2011—07	38.00	131
数学解题——靠数学思想给力(中)	2011—07	48.00	132
数学解题——靠数学思想给力(下)	2011—07	38.00	133
我怎样解题	2013—01	48.00	227

哈尔滨工业大学出版社刘培杰数学工作室
已出版(即将出版)图书目录

书　　名	出版时间	定　价	编号
2011 年全国及各省市高考数学试题审题要津与解法研究	2011－10	48.00	139
2013 年全国及各省市高考数学试题解析与点评	2014－01	48.00	282
新课标高考数学——五年试题分章详解(2007～2011)(上、下)	2011－10	78.00	140,141
30 分钟拿下高考数学选择题、填空题	2012－01	48.00	146
全国中考数学压轴题审题要津与解法研究	2013－04	78.00	248
新编全国及各省市中考数学压轴题审题要津与解法研究	2014－05	58.00	342
高考数学压轴题解题诀窍(上)	2012－02	78.00	166
高考数学压轴题解题诀窍(下)	2012－03	28.00	167

格点和面积	2012－07	18.00	191
射影几何趣谈	2012－04	28.00	175
斯潘纳尔引理——从一道加拿大数学奥林匹克试题谈起	2014－01	18.00	228
李普希兹条件——从几道近年高考数学试题谈起	2012－10	18.00	221
拉格朗日中值定理——从一道北京高考试题的解法谈起	2012－10	18.00	197
闵科夫斯基定理——从一道清华大学自主招生试题谈起	2014－01	28.00	198
哈尔测度——从一道冬令营试题的背景谈起	2012－08	28.00	202
切比雪夫逼近问题——从一道中国台北数学奥林匹克试题谈起	2013－04	38.00	238
伯恩斯坦多项式与贝齐尔曲面——从一道全国高中数学联赛试题谈起	2013－03	38.00	236
卡塔兰猜想——从一道普特南竞赛试题谈起	2013－06	18.00	256
麦卡锡函数和阿克曼函数——从一道前南斯拉夫数学奥林匹克试题谈起	2012－08	18.00	201
贝蒂定理与拉姆贝克莫斯尔定理——从一个拣石子游戏谈起	2012－08	18.00	217
皮亚诺曲线和豪斯道夫分球定理——从无限集谈起	2012－08	18.00	211
平面凸图形与凸多面体	2012－10	28.00	218
斯坦因豪斯问题——从一道二十五省市自治区中学数学竞赛试题谈起	2012－07	18.00	196
纽结理论中的亚历山大多项式与琼斯多项式——从一道北京市高一数学竞赛试题谈起	2012－07	28.00	195
原则与策略——从波利亚"解题表"谈起	2013－04	38.00	244
转化与化归——从三大尺规作图不能问题谈起	2012－08	28.00	214
代数几何中的贝祖定理(第一版)——从一道 IMO 试题的解法谈起	2013－08	38.00	193
成功连贯理论与约当块理论——从一道比利时数学竞赛试题谈起	2012－04	18.00	180
磨光变换与范·德·瓦尔登猜想——从一道环球城市竞赛试题谈起	即将出版		
素数判定与大数分解	即将出版	18.00	199
置换多项式及其应用	2012－10	18.00	220
椭圆函数与模函数——从一道美国加州大学洛杉矶分校(UCLA)博士资格考题谈起	2012－10	38.00	219
差分方程的拉格朗日方法——从一道 2011 年全国高考理科试题的解法谈起	2012－08	28.00	200

哈尔滨工业大学出版社刘培杰数学工作室已出版(即将出版)图书目录

书　　名	出版时间	定　价	编号
力学在几何中的一些应用	2013-01	38.00	240
高斯散度定理、斯托克斯定理和平面格林定理——从一道国际大学生数学竞赛试题谈起	即将出版		
康托洛维奇不等式——从一道全国高中联赛试题谈起	2013-03	28.00	337
西格尔引理——从一道第18届IMO试题的解法谈起	即将出版		
罗斯定理——从一道前苏联数学竞赛试题谈起	即将出版		
拉克斯定理和阿廷定理——从一道IMO试题的解法谈起	2014-01	58.00	246
毕卡大定理——从一道美国大学数学竞赛试题谈起	即将出版		
贝齐尔曲线——从一道全国高中联赛试题谈起	即将出版		
拉格朗日乘子定理——从一道2005年全国高中联赛试题谈起	即将出版		
雅可比定理——从一道日本数学奥林匹克试题谈起	2013-04	48.00	249
李天岩-约克定理——从一道波兰数学竞赛试题谈起	即将出版		
整系数多项式因式分解的一般方法——从克朗耐克算法谈起	即将出版		
布劳维不动点定理——从一道前苏联数学奥林匹克试题谈起	2014-01	38.00	273
压缩不动点定理——从一道高考数学试题的解法谈起	即将出版		
伯恩赛德定理——从一道英国数学奥林匹克试题谈起	即将出版		
布查特-莫斯特定理——从一道上海市初中竞赛试题谈起	即将出版		
数论中的同余数问题——从一道普特南竞赛试题谈起	即将出版		
范·德蒙行列式——从一道美国数学奥林匹克试题谈起	即将出版		
中国剩余定理——从一道美国数学奥林匹克试题的解法谈起	即将出版		
牛顿程序与方程求根——从一道全国高考试题解法谈起	即将出版		
库默尔定理——从一道IMO预选试题谈起	即将出版		
卢丁定理——从一道冬令营试题的解法谈起	即将出版		
沃斯滕霍姆定理——从一道IMO预选试题谈起	即将出版		
卡尔松不等式——从一道莫斯科数学奥林匹克试题谈起	即将出版		
信息论中的香农熵——从一道近年高考压轴题谈起	即将出版		
约当不等式——从一道希望杯竞赛试题谈起	即将出版		
拉比诺维奇定理	即将出版		
刘维尔定理——从一道《美国数学月刊》征解问题的解法谈起	即将出版		
卡塔兰恒等式与级数求和——从一道IMO试题的解法谈起	即将出版		
勒让德猜想与素数分布——从一道爱尔兰竞赛试题谈起	即将出版		
天平称重与信息论——从一道基辅市数学奥林匹克试题谈起	即将出版		

哈尔滨工业大学出版社刘培杰数学工作室已出版(即将出版)图书目录

书　　名	出版时间	定　价	编号
艾思特曼定理——从一道 CMO 试题的解法谈起	即将出版		
一个爱尔特希问题——从一道西德数学奥林匹克试题谈起	即将出版		
有限群中的爱丁格尔问题——从一道北京市初中二年级数学竞赛试题谈起	即将出版		
贝克码与编码理论——从一道全国高中联赛试题谈起	即将出版		
帕斯卡三角形	2014－03	18.00	294
蒲丰投针问题——从 2009 年清华大学的一道自主招生试题谈起	2014－01	38.00	295
斯图姆定理——从一道"华约"自主招生试题的解法谈起	2014－01	18.00	296
许瓦兹引理——从一道加利福尼亚大学伯克利分校数学系博士生试题谈起	2014－01		297
拉格朗日中值定理——从一道北京高考试题的解法谈起	2014－01		298
拉姆塞定理——从王诗宬院士的一个问题谈起	2014－01		299
坐标法	2013－12	28.00	332
数论三角形	2014－04	38.00	341

中等数学英语阅读文选	2006－12	38.00	13
统计学专业英语	2007－03	28.00	16
统计学专业英语(第二版)	2012－07	48.00	176
幻方和魔方(第一卷)	2012－05	68.00	173
尘封的经典——初等数学经典文献选读(第一卷)	2012－07	48.00	205
尘封的经典——初等数学经典文献选读(第二卷)	2012－07	38.00	206

实变函数论	2012－06	78.00	181
非光滑优化及其变分分析	2014－01	48.00	230
疏散的马尔科夫链	2014－01	58.00	266
初等微分拓扑学	2012－07	18.00	182
方程式论	2011－03	38.00	105
初级方程式论	2011－03	28.00	106
Galois 理论	2011－03	18.00	107
古典数学难题与伽罗瓦理论	2012－11	58.00	223
伽罗华与群论	2014－01	28.00	290
代数方程的根式解及伽罗瓦理论	2011－03	28.00	108
线性偏微分方程讲义	2011－03	18.00	110
N 体问题的周期解	2011－03	28.00	111
代数方程式论	2011－05	18.00	121
动力系统的不变量与函数方程	2011－07	48.00	137
基于短语评价的翻译知识获取	2012－02	48.00	168
应用随机过程	2012－04	48.00	187
概率论导引	2012－04	18.00	179
矩阵论(上)	2013－06	58.00	250
矩阵论(下)	2013－06	48.00	251

哈尔滨工业大学出版社刘培杰数学工作室已出版(即将出版)图书目录

书名	出版时间	定价	编号
抽象代数:方法导引	2013－06	38.00	257
闵嗣鹤文集	2011－03	98.00	102
吴从炘数学活动三十年(1951～1980)	2010－07	99.00	32
吴振奎高等数学解题真经(概率统计卷)	2012－01	38.00	149
吴振奎高等数学解题真经(微积分卷)	2012－01	68.00	150
吴振奎高等数学解题真经(线性代数卷)	2012－01	58.00	151
高等数学解题全攻略(上卷)	2013－06	58.00	252
高等数学解题全攻略(下卷)	2013－06	58.00	253
高等数学复习纲要	2014－01	18.00	384
钱昌本教你快乐学数学(上)	2011－12	48.00	155
钱昌本教你快乐学数学(下)	2012－03	58.00	171
数贝偶拾——高考数学题研究	2014－04	28.00	274
数贝偶拾——初等数学研究	2014－04	38.00	275
数贝偶拾——奥数题研究	2014－04	48.00	276
集合、函数与方程	2014－01	28.00	300
数列与不等式	2014－01	38.00	301
三角与平面向量	2014－01	28.00	302
平面解析几何	2014－01	38.00	303
立体几何与组合	2014－01	28.00	304
极限与导数、数学归纳法	2014－01	38.00	305
趣味数学	2014－03	28.00	306
教材教法	2014－04	68.00	307
自主招生	2014－05	58.00	308
高考压轴题(上)	即将出版		309
高考压轴题(下)	即将出版		310
从费马到怀尔斯——费马大定理的历史	2013－10	198.00	Ⅰ
从庞加莱到佩雷尔曼——庞加莱猜想的历史	2013－10	298.00	Ⅱ
从切比雪夫到爱尔特希(上)——素数定理的初等证明	2013－07	48.00	Ⅲ
从切比雪夫到爱尔特希(下)——素数定理100年	2012－12	98.00	Ⅲ
从高斯到盖尔方特——虚二次域的高斯猜想	2013－10	198.00	Ⅳ
从库默尔到朗兰兹——朗兰兹猜想的历史	2014－01	98.00	Ⅴ
从比勃巴赫到德布朗斯——比勃巴赫猜想的历史	2014－02	298.00	Ⅵ
从麦比乌斯到陈省身——麦比乌斯变换与麦比乌斯带	2014－02	298.00	Ⅶ
从布尔到豪斯道夫——布尔方程与格论漫谈	2013－10	198.00	Ⅷ
从开普勒到阿诺德——三体问题的历史	2014－05	298.00	Ⅸ
从华林到华罗庚——华林问题的历史	2013－10	298.00	Ⅹ

哈尔滨工业大学出版社刘培杰数学工作室已出版(即将出版)图书目录

书　　名	出版时间	定　价	编号
三角函数	2014－01	38.00	311
不等式	2014－01	28.00	312
方程	2014－01	28.00	314
数列	2014－01	38.00	313
排列和组合	2014－01	28.00	315
极限与导数	2014－01	28.00	316
向量	2014－01	38.00	317
复数及其应用	2014－01	28.00	318
函数	2014－01	38.00	319
集合	即将出版		320
直线与平面	2014－01	28.00	321
立体几何	2014－04	28.00	322
解三角形	即将出版		323
直线与圆	2014－01	18.00	324
圆锥曲线	2014－01	38.00	325
解题通法(一)	2014－01	38.00	326
解题通法(二)	2014－01	38.00	327
解题通法(三)	2014－05	38.00	328
概率与统计	2014－01	28.00	329
信息迁移与算法	即将出版		330
第19～23届“希望杯”全国数学邀请赛试题审题要津详细评注(初一版)	2014－03	28.00	333
第19～23届“希望杯”全国数学邀请赛试题审题要津详细评注(初二、初三版)	2014－03	38.00	334
第19～23届“希望杯”全国数学邀请赛试题审题要津详细评注(高一版)	2014－03	28.00	335
第19～23届“希望杯”全国数学邀请赛试题审题要津详细评注(高二版)	2014－03	38.00	336
物理奥林匹克竞赛大题典——力学卷	即将出版		
物理奥林匹克竞赛大题典——热学卷	2014－04	28.00	339
物理奥林匹克竞赛大题典——电磁学卷	即将出版		
物理奥林匹克竞赛大题典——光学与近代物理卷	2014－06	28.00	

联系地址:哈尔滨市南岗区复华四道街10号　**哈尔滨工业大学出版社刘培杰数学工作室**

网　　址:http://lpj.hit.edu.cn/

邮　　编:150006

联系电话:0451－86281378　　13904613167

E-mail:lpj1378@163.com